GÜTERSLOHER
VERLAGSHAUS

Gütersloher Verlagshaus. Dem Leben vertrauen

Michael Winterhoff
Isabel Thielen

Persönlichkeiten statt Tyrannen

Oder: Wie junge Menschen in Leben und Beruf ankommen

In Zusammenarbeit mit Carsten Tergast

Gütersloher Verlagshaus

Bibliografische Information der Deutschen Nationalbibliothek
Die Deutsche Nationalbibliothek verzeichnet diese Publikation in der Deutschen Nationalbibliografie; detaillierte bibliografische Daten sind im Internet über http://dnb.d-nb.de abrufbar.

FSC
Mix
Produktgruppe aus vorbildlich bewirtschafteten Wäldern und anderen kontrollierten Herkünften
Zert.-Nr. SGS-COC-001940
www.fsc.org
© 1996 Forest Stewardship Council

Verlagsgruppe Random House FSC-DEU-0100
Das FSC-zertifizierte Papier *Munken Premium* für dieses Buch liefert Arctic Paper Munkedals AB, Schweden.

1. Auflage, 2010

Satz: Satz!zeichen, Landesbergen
Druck und Einband: GGP Media GmbH, Pößneck
Printed in Germany
ISBN 978-3-579-06867-1

www.gtvh.de

Inhalt

Kapitel 1

Die Tyrannen und das Berufsleben – Eine Einführung

»Auszubildende sollen in einer Werkstatt die Kleidung eines 19-jährigen Kameraden mit brennbarer Flüssigkeit besprüht und angezündet haben. Das berichtet die Polizei am Donnerstag aus Götz (Brandenburg). Der junge Mann wurde mit schweren Brandverletzungen in eine Berliner Spezialklinik gebracht. Drei Verdächtige wurden festgenommen.«[1]

1. Agenturmeldung in diversen Tageszeitungen v. 27. 11. 2009.

In den Nachrichtenteilen unterschiedlichster Medien ist naturgemäß immer nur die Spitze des Eisberges dargestellt. Und sicher gilt auch: Je dramatischer, desto besser für die Aufmerksamkeit. Ähnliche Beispiele wie das hier vorangestellte findet man aber viele, wenn man wahllos in Archive mit entsprechenden Meldungen greift.

Nein, das ist sicher (noch) nicht die Regel, es wird nicht jeden Tag irgendwo versucht, Kollegen anzuzünden. Auch bei einem Eisberg ist nicht die Spitze gefährlich für die Schiffe, sondern das oft riesige verborgene Volumen unter der Oberfläche, weil es nicht unmittelbar erkennbar ist.

Auch solche brutalen Übergriffe passieren nicht, ohne dass sich unter der Oberfläche grundlegend etwas verändert hat, was sich tagtäglich in vielen Betrieben bemerkbar macht und die Abläufe dort erheblich negativ beeinflusst. Was hat sich in den letzten Jahren im Ausbildungs- und Berufsalltag verändert, wo liegen die Ursachen dazu, wo steuert unsere Gesellschaft hin?

Ein Arzt aus dem Münsterland beobachtet entsprechende Veränderungen in seinem Bereich:

> »Ich war es früher überhaupt nicht gewohnt, die einfachsten schriftlichen Aufzeichnungen meiner Helferinnen Korrektur lesen zu müssen. Und was ist heute? Egal, ob die Auszubildenden von der Realschule oder vom Gymnasium kommen, egal, ob es sich um ein kurzes Protokoll oder nur um ein Rezept handelt – unter fünf Rechtschreibfehlern geht gar nichts mehr. Das ist nicht nur ärgerlich, sondern es hält den Alltagsbetrieb auch unglaublich auf. Und es wird nicht besser.«

Im Januar 2010 lässt sich Holger Schwannecke, Generalsekretär des Zentralverbandes des Deutschen Handwerks, mit folgender Aussage zitieren, als er nach seiner Meinung zur Lage auf dem Ausbildungsmarkt befragt wird:

> »Wir stellen seit Jahren fest, dass immer mehr Schulabgänger nicht die nötigen Grundkenntnisse mitbringen. Einige haben Schwierigkeiten beim Rechnen und Schreiben. Anderen fällt es schon schwer, morgens pünktlich zur Arbeit zu kommen. Und einige wollen offensichtlich gar keine Ausbildung machen. Ihnen fehlt die Motivation.«[2]

Schwannecke bestätigt damit, was zunehmend zum Problem zu werden droht: mangelnde Ausbildungsreife und die damit verbundenen Folgen sowohl für den Arbeitsmarkt als auch für die betroffenen Menschen.

Man könnte dieses Buch auch mit einem Zitat aus dem Brief eines Lesers beginnen, der im Frühjahr 2009 nach dem Erscheinen von »Tyrannen müssen nicht sein« schrieb:

> »Durch ihre Ausführungen hat es bei mir ›klick‹ gemacht, und die ganze, sonst konfuse Problematik ist für mich fassbar geworden.«

Es gibt zahlreiche solcher Beispiele, es gibt Hunderte solcher Briefe. Neben diesen Rückmeldungen und damit Bestätigungen, dass es gut und richtig war, mit den Analysen und Thesen zur psychischen Entwicklung von Kindern an die Öf-

---

2. Viele Schulabgänger kommen morgens nicht aus dem Bett. Interview mit Holger Schwannecke auf BILD-Online am 5.1.2010: http://www.bild.de/BILD/politik/2010/01/02/handwerks-generalsekretaer-schwannecke/bild-interview-schulabgaenger.html.

fentlichkeit zu gehen, zeigen sie vor allem auch eines: Das Modell wird weitergedacht: Zum einen fragen sich viele, welche Folgen eintreten könnten, wenn wir nicht zu einer grundlegenden Änderung in vielen Beziehungsstrukturen zwischen Erwachsenen und Kindern kommen; zum anderen wird natürlich immer wieder die konkrete Bedeutung dieses Ansatzes für die tägliche Praxis in der Familie, in der Schule und im Beruf diskutiert.

Um die Hypothesen, die in »Warum unsere Kinder Tyrannen werden« und »Tyrannen müssen nicht sein« über die Beziehungsstörungen entwickelt wurden, für den interessierten Leser, der zwischendurch nachschauen möchte (bzw. denjenigen, der damit noch gar nicht vertraut ist), schnell auffindbar zu machen, haben wir diese in einem übersichtlichen Extrateil am Ende des Buches noch einmal beschrieben. Das hat den Vorteil, dass wir hier direkt mit dem Anliegen dieses Buches einsteigen können, die wichtigen Hintergründe für die folgenden Beschreibungen aber jederzeit verfügbar sind.

Klar ist, dass kein klassischer Ratgeber und kein simpel gestricktes Lösungsbuch entstehen soll. Davon gibt es ausreichend viele auf dem Markt; vor allem aber gehen solche Bücher nicht an die Wurzel der Probleme. Keine noch so gut gemeinte Lösungsidee kann ein Problem beseitigen, dessen Hintergründe nicht analysiert und verstanden worden sind. Allerdings heißt das nicht, dass jegliche Lösungsangebote per se kritisch zu sehen sind; nur besteht die Gefahr, dass klassische Ratgeber zu gar nichts führen, so lange die den dargestellten Phänomenen zugrunde liegende Problematik nicht erkannt und verstanden wurde.

Die Lösung bedarf letztendlich der Reflexion. Indem der Leser sich mit der dargebotenen Analyse auseinandersetzt und seine eigene Verhaltensweise auf dieser Grundlage kritisch hinterfragt, kann er selbst zu den für ihn passenden Lösungen kommen. Diese Vorgehensweise ist vielleicht etwas anstrengender und zeitintensiver als die Lektüre nett gemachter Handbücher, auf jeden Fall aber wesentlich nachhaltiger und gewinnbringender, als irgendwann zu merken, dass immer wieder neu vorgekaute Lösungsstrategien nicht zur eigenen Lebenssituation passen; und damit fast zwangsläufig an der Oberfläche zu bleiben, ohne die zugrunde liegende Problematik anzugehen.

Unser Ziel ist es ebenfalls nicht, unnötige Panik zu schüren. Der Kommentar des Mitglieds eines Prüfungsausschusses der Kreishandwerkerschaft Bonn-Rhein-Sieg zeichnet ein gutes Bild der momentanen Situation:

> »Vielen Jugendlichen gelingt es hervorragend, selbst die Initiative zu ergreifen, sich ein Bild von den Berufen zu verschaffen, die eigenen Interessen und Fähigkeiten zu erfassen und systematisch, auch mit Hilfe des Elternhauses, der Lehrer, der Berufsberater etc. erfolgreich eine Berufsausbildung zu starten, durchzuführen und abzuschließen.«

Allerdings folgte dieser Aussage die große Einschränkung direkt auf dem Fuße:

> »Aber nicht wenigen Jugendlichen gelingt der Einstieg in das Berufsleben trotz der vielfältigen Informations- und Fördermöglichkeiten nicht. Aus unserer Sicht sind als unmittelbare Ursachen in erster Linie ein fehlender qualifizierter Schulabschluss, Orientierungslosigkeit, fehlender Ehrgeiz, Antriebslosigkeit, Interessenlosigkeit, mangelhafte Kommunikation, fehlendes Selbstwertgefühl, fehlende Aufgeschlossenheit oder schlechte Umgangsformen festzustellen. Dies

zeigt sich in der Berufsfindungsphase ebenso wie bei Bewerbungsgesprächen oder in der Startphase der Berufsausbildung. Der Abbruch der Ausbildung ist oftmals für beide Beteiligte die beste Lösung, wenn es auch frustrierend und wenig motivierend ist, die Stelle neu besetzen zu müssen. Aus mehrfachen Erfahrungen von Abbrüchen, Problemen bei der Suche nach geeigneten Lehrlingen oder Schwierigkeiten während der Ausbildung kommt es bei den Ausbildern bedauerlicherweise gelegentlich auch zu der Entscheidung, überhaupt nicht mehr auszubilden. Abbruchursachen sind fehlendes Durchhaltevermögen, mangelhafte Integrationsbereitschaft, falsche Vorstellung vom Beruf oder schlichtweg eine Überforderung.«

All das klingt im ersten Moment nicht neu, und es gibt etliche Ansätze und Projekte, die sich mit diesen Erscheinungen auseinandersetzen. Der Ansatz allerdings, diese Phänomene im Zusammenhang mit Nicht-Entwicklung zu sehen, ist neu und wurde so vorher noch nie formuliert. Bis heute werden psychische Reifedefizite als tiefere Ursache für oft scheinbar unerklärliches Fehlverhalten junger Berufseinsteiger in der Diskussion nicht beachtet; schon deshalb, weil diese Defizite und ihre dramatischen Auswirkungen bisher gar nicht bekannt waren.

Als dramatisch können diese Auswirkungen auch deshalb mit Recht bezeichnet werden, weil die Chance zur Nachreifung rein altersmäßig nicht unbegrenzt lange besteht. Die psychische Entwicklung junger Menschen ist so angelegt, dass es noch bis Mitte des dritten Lebensjahrzehnts möglich ist, Nachreifungsprozesse in Gang zu setzen und nachzuholen. Das bedeutet: Entscheidend sind frühzeitige Überlegungen, wie dem Problem der sinkenden Ausbildungsfähigkeit junger Menschen durch Nachreifungsprozesse entgegengetreten werden kann; so frühzeitig, dass Maßnahmen zu einem Zeitpunkt ergriffen werden können, zu dem Nachreifung noch möglich ist.

Darin liegt die Bedeutung dieses Buches für alle Menschen, die mit Berufseinsteigern unterschiedlicher Art zu tun haben. Auch wenn im Folgenden größtenteils von Auszubildenden die Rede sein wird, sind mit den Ausführungen letztlich immer alle Einsteiger in das Berufsleben gemeint. Die Azubis bilden indes die mit Abstand größte Gruppe unserer Beobachtungen.

Aus der Sicht des Kinderpsychiaters besteht die große Sorge, was passieren wird, wenn diese späteren sozialen Auswirkungen psychischer Unreife bei Kindern und Jugendlichen weiterhin nicht erkannt oder kleingeredet werden. Der Blick auf Fehlverhalten bei jungen Menschen ist heute ein fast ausschließlich pädagogischer geworden, entwicklungspsychologische Argumentation findet kaum Beachtung. Dabei sind die Erkenntnisse der Entwicklungspsychologie vor allen anderen geeignet, Erklärungen und Lösungsansätze der sich zeigenden Probleme zu finden. Scheinbar unerklärbares Verhalten von Jugendlichen, das pädagogisch/medizinisch therapiert wird, kann entwicklungspsychologisch von den Ursachen her erklärt und damit an der Wurzel angegangen werden.

Der pädagogische Blick bedeutet auch, dass beim Lamento über nicht ausbildungsfähige bzw. nicht arbeitsfähige Jugendliche meist von fehlender Erziehung gesprochen wird. Da wird dann den Eltern vorgeworfen, erzieherisch versagt zu haben, und Kindergarten und Schule werden gleich mit ins Gebet genommen, weil auch die dort tätigen öffentlichen

Erzieher scheinbar nicht das geleistet haben, was man von ihnen erwartet.

Dabei geht es überhaupt nicht um fehlende Erziehung. Diese Kinder sind ja in der Regel »gut« erzogen; sie kommen häufig gerade aus Elternhäusern, in denen Wert darauf gelegt wird, sich um die Kinder zu kümmern und ihnen alle Chancen im Leben zu ermöglichen. Mit der Beschränkung auf die üblichen Schuldzuweisungen muss daher Schluss sein.

In einer sehr großen Zahl der Fälle (Ausnahmen bestätigen auch hier wie immer die Regel) sind auch nicht Migrationshintergründe, neue Patchworkfamilien, hohe Scheidungsraten, fehlende Erziehung Ursache der sich zeigenden Entwicklungen. All das spielt in verschiedenen Zusammenhängen natürlich eine Rolle; wenn man sich jedoch fragt, warum die Zahl der nicht ausbildungsreifen jungen Menschen in den letzten Jahren so sehr gestiegen ist und dramatisch weiter steigen wird, versagen all diese Erklärungsmodelle.

Genauer gesagt, treffen all diese Ansätze nicht den Kern des Problems. Der drastische Anstieg der schwierigen Fälle lässt jegliche Einzelfallhypothese als untauglich erscheinen. Es kann sich hierbei nur um ein übergeordnetes Problem handeln, von dem Familien der unterschiedlichsten sozialen Hintergründe gleichermaßen betroffen sind. Die Hypothese der Entwicklungsstörungen auf breiter Front trifft dagegen genau den Kern. Erst die Analyse des Gesamtsystems Gesellschaft kann die Erkenntnis bringen, warum so viele einzelne Subsysteme wie Familie, Schule, Betriebe mit den exakt gleichen Phänomenen und den daraus resultierenden Schwierigkeiten kämpfen.

Der Berufseinstieg ist einer der wichtigsten Lebensabschnitte, in dem die Auswirkungen der Entwicklungsstörungen sichtbar werden, vielleicht der letzte, in dem sie behandelbar sind. Noch haben wir scheinbar genügend arbeitsfähige, reife Heranwachsende, doch auch in dieser Gruppe sind bereits wesentlich größere Defizite vorhanden als noch vor Jahren, und der Grad der Ausbildungsreife nimmt immer weiter ab.

Es ist abzusehen, dass eine steigende Zahl nicht arbeitsfähiger Jugendlicher die ohnehin überstrapazierten und leeren Sozialkassen in Zukunft immer weiter belasten wird. Das gesellschaftlich noch größere Gefahrenpotenzial wird aber darin liegen, dass einer immer größer werdenden Zahl an jungen Menschen in naher Zukunft jegliche Sozialkompetenz fehlen wird. Diese Menschen leben rein lustorientiert, nur im Moment, verschwenden keinen Gedanken an morgen. Sie sind nicht in der Lage, Verantwortung zu übernehmen, weder für sich noch für andere Menschen, weder in einer privaten Beziehung noch im beruflichen Kontext. Wie Kleinkinder fordern sie stets alles für sich ein und belasten damit den sozialen Frieden erheblich.

Letztlich entsteht hier, und das ist der Kern des gesellschaftlichen Problems, eine tickende Zeitbombe für unsere gesamte Gesellschaft.

Da zu vermuten ist, dass zwar die auftretenden Phänomene in Firmen und Betrieben bekannt sind, aber die Kenntnisse der tiefer liegenden Ursachen bisher noch weitgehend fehlt, sind auch noch keine tauglichen Konzepte zur Lösung der drängenden Probleme erarbeitet worden. Anders formuliert: Auf Fragen, die bislang noch gar nicht gestellt wurden, können auch noch gar keine Antworten vorhanden sein.

Deshalb will dieses Buch dabei helfen, zunächst einmal die richtigen Fragen zu stellen und damit den Blickwinkel zu verändern. Die Effektivität der Hilfen für Auszubildende und auch junge Mitarbeiter nach der Ausbildung könnte sich schlagartig erhöhen, wenn gesehen wird, dass es um mangelnde psychische Reife und nicht um fehlende Erziehung geht. Sowohl in den Firmen und Berufsschulen als auch in der Gesellschaft insgesamt muss neu und anders gedacht werden. Es geht nicht um Faulheit der einen oder um mögliche partielle Lernschwächen der anderen. Fehlende Mathematikkenntnisse etwa oder Schwächen in der Rechtschreibung gilt es in vielen Fällen vor dem Hintergrund fehlender Reife zu verstehen, die sich negativ auf die Lern- und Leistungsbereitschaft der jungen Menschen auswirkt.

Die eingangs erwähnte Frage nach dem Praxisansatz halten wir für sehr wichtig. Die Analyse der Situation von Berufseinsteigern ist im Grunde die logische Fortführung der bisher dargestellten Entwicklung im Kindes- und Jugendalter. Damit stellt sich auch nicht die Frage, warum ein Kinderpsychiater über Ausbildungsthemen schreibt. Der Zusammenhang ergibt sich vielmehr organisch aus der Erkenntnis, dass die Beziehungsstörungen im Kindes- und Jugendalter dafür sorgen, dass viele Heranwachsende beim Eintritt ins Berufsleben große Probleme haben, die bei einer gesunden psychischen Reifeentwicklung nicht auftreten würden.

Kinder bleiben keine Kinder, sie werden Jugendliche, Jugendliche werden Erwachsene, und sie müssen irgendwann ins Arbeitsleben eintreten. Um arbeiten zu können, bedarf es jedoch vielfältiger psychischer Funktionen, deren Vorhandensein durch die Störungen in der Beziehung zwischen Eltern, Lehrern, Erziehern und Kindern nicht mehr selbstverständlich vorausgesetzt werden kann.

Dazu kommt ein ganz wichtiger Punkt, der den Einstieg ins Berufsleben zur Sollbruchstelle so mancher Biografie werden lässt. Konnten in Kindergarten und Schule bedenkliche Entwicklungen noch vertuscht werden, indem die allgemeinen Anforderungen gesenkt oder Notenspiegel nach oben korrigiert wurden, so ist dieser Vorgehensweise im beruflichen Alltag eine natürliche Grenze gesetzt. Die Anforderungen hier sind nicht grenzenlos veränderbar, sie verschieben sich eher noch nach oben, da beispielsweise technische Zusammenhänge immer komplexer und die Forderung nach Effektivität immer größer werden.

Wenn in diese sicher auf Dauer noch anspruchsvoller werdende Arbeitswelt zunehmend Menschen eintreten, die den Anforderungen nicht gewachsen sind und im Arbeitsalltag nicht Fuß fassen können, entsteht gesellschaftlich eine erhebliche Sprengkraft.

Dazu kommt noch, dass neben dem Arbeitsleben auch das Privatleben durch fehlende psychische Reife in Mitleidenschaft gezogen ist. Die Beziehungsfähigkeit in Partnerschaften dieser Menschen nimmt genauso ab wie die Arbeitsfähigkeit im Berufsleben.

Hält man sich beispielsweise vor Augen, dass statistisch nachgewiesen ist, dass alleinstehende arbeitslose Männer die anfälligste Gruppe für rechtsextremistische Tendenzen ausmachen, bekommt man eine ungefähre Vorstellung davon, was da derzeit noch unter der Oberfläche gärt.

Um außerhalb des Kompetenzfeldes der Kinder- und Jugendpsychiatrie noch besser argumentieren zu können und einen möglichst großflächigen Überblick über die Situation auf dem Ausbildungsmarkt zu bekommen, bot es sich an, zusätzliche Fachkompetenz aus dem unternehmerischen Umfeld an Bord zu holen. Neben den vielen Fallbeispielen aus dem betrieblichen Alltag steht Isabel Thielen als Arbeitspsychologin und Personalverantwortliche in einem Wirtschaftsunternehmen für tiefe Einblicke in diesen Bereich.

Ihre Erkenntnisse und Beobachtungen auf dem Feld der betrieblichen Praxis ergänzen auf vielfältige Weise die Analyse des Kinderpsychiaters zur Fehlentwicklung im Bereich der psychischen Reife junger Menschen. Die Zusammenschau beider Kompetenzbereiche ermöglicht eine integrale Sichtweise auf das gesellschaftliche Gefährdungspotenzial dieser Entwicklung, die verschiedene Perspektiven einschließt. Die unternehmerische Sicht profitiert von den aus der kinderpsychiatrischen Praxis entstandenen Erklärungsmodellen, während der Kinderpsychiater seine Prognosen im Hinblick auf eine stetige Abnahme von Arbeits- und Beziehungsfähigkeit der jungen Mitarbeiter bestätigt sieht.

Der ganzheitliche Blick

Bevor wir uns dezidiert dem Feld des Berufslebens zuwenden, lohnt ein Moment der Rückbesinnung auf die Wurzeln der Misere. Es ist bereits angeklungen, dass ein großes Defizit unserer Zeit darin besteht, dass wir zwar sehen, wenn etwas nicht richtig funktioniert, also Symptome erkennen, dann aber die falschen Schlüsse aus dieser Erkenntnis ziehen.

Auf unseren Zusammenhang fokussiert soll das heißen: Die Bedrohung des Arbeitsmarktes durch mangelnde Ausbildungsreife wird mittlerweile immer öfter thematisiert. Fast jedem Berufsschullehrer, fast jedem Ausbilder sind solche Beispiele heutzutage bekannt.

Was aber folgt daraus? Zwei Sichtweisen dominieren: Entweder beurteilt man die Situation aus Sicht der Wirtschaft, die darüber klagt, dass ihr Geschäftserfolg durch eine zu geringe Zahl guter Mitarbeiter gefährdet sei; oder man beurteilt die Situation aus therapeutischer Sicht und definiert mangelnde Ausbildungsreife als Symptom an sich, für das eine Behandlung gefunden werden muss. Beides hat seine Berechtigung, beides greift aber viel zu kurz.

Gerade in unserer gegenwartsfixierten Zeit mit dem Verlust an Ruhe und entlastender Langsamkeit können wir nicht darauf verzichten, die Lösung eines Problems aus einer ganzheitlichen Sicht anzugehen. Mehr noch: Ganzheitliches Sehen verhindert, dass immer neue Enttäuschungen und negative Phänomene die Bemühungen um eine Verbesserung der Situation so torpedieren, dass diese irgendwann vermindert oder ganz eingestellt werden.

Ganzheitliche Sichtweise in Bezug auf mangelnde Ausbildungsreife bedeutet vor allem, die Entwicklung im Kindesalter als Keimzelle für das Erwachsenenleben mit in den Blick zu nehmen. Zunächst einmal nimmt das Verhalten von Eltern und oft auch Großeltern Einfluss auf die psychische Entwicklung von kleinen Kindern und Jugendlichen. Kindergarten und Schule kommen dazu, sind als Institutionen öffentlicher Erziehung jedoch zunächst einmal auf einer zweiten Ebene zu sehen, die der elterlichen bzw. familiären nachgeordnet ist.

Auch Eltern wiederum stehen nicht allein, weder als eigene Person noch in der Beziehung zu ihren Kindern. Sie sind eingebettet in das System Gesellschaft und können sich den vielfältigen Beeinflussungen durch dieses System weder im positiven noch im negativen Sinne entziehen. Als Eltern sind sie gleichermaßen auch dem hohen Tempo ausgesetzt, das wir alle heute gehen müssen, um das Gefühl zu haben, mithalten zu können. Und dieses Tempo sowie der zunehmende Sinnverlust, den viele Menschen in einer immer beliebigeren Welt erleben, bleiben nicht ohne Auswirkung auf die Psyche, auf das Verhalten und die Beziehung gegenüber Kindern.

Der hier geforderte ganzheitliche Blick könnte im idealen Fall auch dazu führen, dass bewusst Entschleunigung gesucht wird und mit einer Entdeckung der Langsamkeit auch neue Sinnhorizonte in den Blick treten. Allzu oft führt gerade der verengte Blick auf Einzelphänomene dazu, dass wir das Gefühl bekommen, immer schneller immer mehr erledigen zu müssen. Der Blick für Zusammenhänge hingegen führt dazu, dass Überflüssiges als solches erkannt wird, sodass man künftig darauf verzichten kann.

Die Suche nach Sinn, nach einem intuitiv als richtig erkannten Verhalten braucht also Zeit und Ruhe, genauso wie sie die Begleitung von Kindern erfordert. Beziehungen zwischen Eltern und Kindern geraten immer dann in große Gefahr, wenn Hektik und Überforderung auf den Plan treten.

Eine bewusste Entschleunigung hingegen wäre geeignet, Eltern-Kind-Beziehungen stabil zu halten, weil dann das elterliche Verhalten selbst in sich ruht. Hier liegt das eigentliche Geheimnis des Umgangs mit Kindern, der letztlich alle Ratgeberliteratur überflüssig machen würde, welche die ursprüngliche Intuition durch anzueignende Checklisten zu ersetzen versuchen. Ratgeber argumentieren nämlich nie ganzheitlich, sondern immer Symptom bezogen. Die Analyse des gesellschaftlichen Wandels, der die Beziehungsstruktur zwischen Eltern und Kindern grundlegend verändert hat und sich damit nachhaltig auf beiderlei Verhalten auswirkt, spielt dabei in der Regel keine Rolle. Wollen wir aber zu Lösungen kommen, die wirklich greifen, muss beides in unserem Denken berücksichtigt werden.

Wo sich die Beziehung zu Kindern wandelt, verändern sich auch die Konzepte, die man sich unbewusst vom Kind macht. Und mit den neuen Konzepten verändert sich die Beziehung zum Kind; sie ist nicht länger intuitiv geprägt, sondern erfährt Störungen, die sich negativ auf die psychische Reifung des Kindes und späteren Jugendlichen auswirken.

Erst wenn dies bewusst gesehen wird, kann es zu fruchtbaren Lösungsansätzen auf dem Feld der Ausbildungsreife kommen. Wir haben uns viel zu sehr daran gewöhnt, das Prinzip von Ursache und Wirkung außer Acht zu lassen und uns nur noch auf die kurzfristige Behandlung von sichtbaren Auswirkungen zu konzentrieren, die durch die nicht reflektierte Ursache jedoch immer wieder neu entstehen können.

Kapitel 2

Mikrokosmos Arbeitsmarkt – Wenn der Ernst des Lebens beginnt

Jens hat bei seiner ersten Ausbildungsstelle im zweiten Lehrjahr einigen Ärger gehabt, weswegen man sich dort von ihm trennte. Peter Schuster, Inhaber eines Einzelhandelsgeschäftes für hochwertige Textilien, ließ sich davon nicht beirren und stellte den jungen Mann trotzdem ein, um ihm eine Chance zu geben, seine Ausbildung mit dem dritten Lehrjahr noch absolvieren zu können.

Ein paar Monate lang schien sich die Entscheidung gelohnt zu haben, denn es gab zunächst beiderseits keinen Anlass zur Klage. Dann klingelte eines Vormittags das Telefon. Am anderen Ende: der Schulleiter der Berufsschule. Er habe die Anmeldung für Jens vorliegen, nur leider kenne keiner der Lehrer einen Schüler dieses Namens. Man habe ihn folglich noch nicht ein einziges Mal in der Berufsschule gesehen. Darauf angesprochen, gibt Jens unumwunden zu, die Schultage selbstständig zu Freizeittagen erklärt zu haben. Auf die daraus resultierende Abmahnung reagiert er gleichgültig. Man rauft sich dennoch zusammen, und der Azubi verbringt ab sofort seine Schultage im Betrieb, da er immer noch der Meinung ist, der Schulstoff sei ihm zu profan und er könne sich das alles besser selbst beibringen.

Statt nur während der halben Stunde Mittagspause war Jens manchmal über mehrere Stunden nicht zu erreichen. Wie sich dann herausstellte, hatte er sich eine Markendecke aus der Ausstellung genommen, um, darin eingerollt, fehlenden Nachtschlaf nachzuholen.

Zur Abrundung des Gesamtbildes trug schließlich die Tatsache bei, dass Jens der Weg zur Mülltonne offensichtlich zu weit war und er seinen Abfall lieber in zwei Tüten sammelte, die offen im Raum herumstanden. Colaspritzer auf Matratzen und Teppichböden wunderten am Ende dann niemanden mehr …

Der Eintritt ins Arbeitsleben ist für viele Menschen einer der wichtigsten Einschnitte in ihrem Leben. Unsicherheit war und ist oft mit diesem Schritt verbunden: nicht genau zu wissen, was einen nun erwartet, ob man den Anforderungen gewachsen sein wird, ob die Arbeit interessant ist und ob sie im weiteren Verlauf des Arbeitslebens erfolgreich sein wird.

Dabei hatte sicher auch in der Vergangenheit jede Generation von Jugendlichen ihre eigenen Hürden zu nehmen beim Start in die Berufswelt. Heutige und künftige Generationen werden jedoch zu einem großen Teil unter ganz speziellen Bedingungen starten. Es sind jene Generationen, die zu einem steigenden Anteil nicht mehr so aufwachsen, dass ihnen eine optimale psychische Reifeentwicklung möglich ist.

Dabei fällt dieses Problem im Kinder- und Jugendalter häufig nicht in dem Maße auf, dass die Annahme nahe liegt, es werde später zu Schwierigkeiten im Berufsleben kommen. Partnerschaftlich behandelte Kleinkinder, so ist oft genug die Meinung, sollten unter anderem im Job in der Lage sein, sehr sozial und offen mit Kollegen umzugehen.

Das mag daran liegen, dass der partnerschaftlichen Beziehung eine unausgesprochene Hoffnung zugrunde liegt. Als sich diese Tendenz entwickelte, glaubte man, Kinder, die so aufgewachsen sind, würden im Erwachsenenalter in einem ausgesprochen hohen Maße arbeitsfähig sein, da sie scheinbar eine große Selbstständigkeit und ein ausgeprägtes Selbstbewusstsein zeigen. Die Hoffnung war: Wenn ich meinem Kind von Anfang an ein Partner bin, kann es angstfrei groß werden und wird dieses positive Grundgefühl auch in spätere Verhältnisse, seien sie beruflicher oder privater Natur, mitnehmen.

Die Absicht hinter dem partnerschaftlichen Ansatz in den Eltern-Kind-Beziehungen ist also immer eine positive gewesen, das soll nicht in Abrede gestellt werden. Umso tragischer ist es, dass die Realität zu zeigen beginnt, was der partnerschaftliche Ansatz bei den Kindern und heutigen Jugendlichen tatsächlich bewirkt hat und bis heute bewirkt.

Wie die Analyse der Beziehungsstörungen[3] gezeigt hat, ergeben sich aus den verschobenen Verhältnissen zwischen Erwachsenen und Kindern erhebliche Probleme. Die Auswirkungen psychischer Unreife auf die Arbeitsfähigkeit künftiger Generationen von Jugendlichen werden nach und nach immer stärker sichtbar und stellen sowohl die jungen Berufseinsteiger als auch die Betriebe langfristig vor scheinbar unlösbare Aufgaben. Wie sollen in Partnerschafts- und Projektionsverhältnissen groß gewordene Jugendliche Fremdbestimmung im Berufsleben akzeptieren, wie sollen sie sich von ihrem eigenen Gewissen leiten lassen, wie sollen sie Frustrationen aushalten, wenn ihr psychischer Reifegrad all dies kaum zulässt? Und wie sollen betroffene Kinder von heute den Berufsalltag einmal bewältigen, wenn Kindergarten und Schule mit Konzepten, welche die Beziehung von Erzieher und Lehrer zu den Kindern nicht mehr in den Vordergrund stellen, dem Abwärtstrend unwissentlich weiter Vorschub leisten?

3. Vgl. hierzu: »Michael Winterhoff: Warum unsere Kinder Tyrannen werden. Gütersloh 2008« sowie »Tyrannen müssen nicht sein. Gütersloh 2009«. Außerdem enthält das Kapitel 9 dieses Buches einen guten Überblick über die Beziehungsstörungen »Partnerschaftlichkeit«, »Projektion« und »Symbiose«.

Das folgende Beispiel zeigt, was Betriebsinhaber heute nicht selten mit jüngeren Mitarbeitern oder Bewerbern erleben:

Ein junger Mann, 19 Jahre alt, ruft in einem Betrieb an, um nach der Möglichkeit eines Praktikums zu fragen. Der Inhaber, erfreut über diese Initiative, gibt ihm einen Termin für ein Vorstellungsgespräch.

Am Tag des Gesprächs sind seit dem vereinbarten Termin bereits 45 Minuten vergangen, doch der Bewerber ist nicht aufgetaucht. Kurz bevor der verärgerte Firmeninhaber sich zu dringenden Außenterminen aufmachen will, erscheint der junge Mann doch noch, und zwar ohne einleuchtende Entschuldigung für die Verspätung und in Begleitung seiner Mutter. Diese übernimmt sofort die Gesprächsführung für ihren Sohn und erklärt im Brustton der Überzeugung, was für ein ordentlicher und zuverlässiger Mensch er sei. Der Bewerber selbst enthält sich derweil jeglicher Äußerung, dreht bisweilen gelangweilt den Kopf hin und her und beschäftigt sich intensiv mit seinem Handy.

Anmerkungen des Chefs, er könne nicht verstehen, wie jemand, der von sich aus ein Praktikum machen möchte, ohne Grund verspätet erscheint und sich dann noch nicht einmal selbst vorstellt, bleiben ohne sichtbare Wirkung auf Mutter und Sohn. Nach Abschluss des Gesprächs war klar, dass es in dieser Firma keine Chance auf eine Beschäftigung für den 19-Jährigen geben würde.

»Nur ein Praktikum« könnte man jetzt vielleicht sagen, auch »Ausnahmen bestätigen die Regel« ist eine beliebte Reaktion auf solche Beispiele. Wer sich oft mit Inhabern kleiner oder mittelständischer Unternehmen bzw. Personalchefs großer Firmen unterhält, wird dagegen eine Vielzahl solcher Geschichten zu hören bekommen, Tendenz steigend.

Da gibt es den Auszubildenden Thorsten, der es ganz normal findet zu fragen, ob man nicht den Arbeitsbeginn von 8.00 Uhr auf 8.15 Uhr verlegen könne. Begründung: Wenn er einen Bus vorher fahre, sei er ja immer schon um 7.50 Uhr im Betrieb, und das sei doch eindeutig zu früh!

Dass oft auch der gute Willen beim Arbeitgeber nicht reicht, dokumentiert folgendes Beispiel:

Ein junger Mann macht eine Ausbildung zum Verkäufer. Eines Tages kommt er zum Chef und gesteht, er habe ein »kleines« Problem. Er müsse für einige Zeit in die JVA »einziehen«, da er mehrfach beim Schwarzfahren erwischt worden sei. Es stellt sich heraus, dass er auf mehrere Vorladungen in dieser Sache einfach nicht reagiert hatte.

Daraufhin bemüht sich der Firmeninhaber, spricht mit der zuständigen Richterin und erwirkt die Umwandlung der Strafe auf zwei Wochenenden Sozialarbeit, sodass die Ausbildung nicht eingeschränkt worden wäre. Ergebnis: An beiden Wochenenden wird der Azubi nicht in dem Altenheim gesichtet, in dem er die Stunden ableisten soll. Seine Begründung: »Ich konnte doch meinen Eltern nicht sagen, dass ich dort hingehe.«

Was seine Eltern gesagt haben, als er schließlich von der Polizei zu Hause abgeholt wurde, ist nicht mehr überliefert, da der junge Mann nach dieser Episode verständlicherweise auch die Sympathien bei seinem Chef verwirkt hatte.

Das bedeutet nicht, dass es die bemühten, fleißigen, aufgeschlossenen jungen Schul- und Universitätsabsolventen nicht gibt, denen ein guter Einstieg ins Arbeitsleben gelingt. Es gibt sie, und sie haben großen Anteil am Erfolg vieler Unternehmen. Der Hauptgeschäftsführer einer Kreishandwerkerschaft im Westen der Republik fasst das in folgende Worte, die ein »aber« allerdings bereits mitschwingen lassen:

> »Viele Lehrlinge schließen die Gesellenprüfung mit Erfolg ab, verbleiben als dringend benötigte Gesellen im Handwerk oder nutzen die diversen Aufstiegsmöglichkeiten. Insofern sollte man denken, alles sei in bester Ordnung, kein Platz für Kritik, Panik oder nachdenkliche Ausführungen.«

Panik möchte hier in der Tat niemand schüren. Das darf jedoch kein Grund sein, sich nicht weiter mit der Frage zu beschäftigen, wie der steigenden Zahl derer, deren Verhalten tendenziell als unangemessen empfunden wird, zu begegnen ist. Kritik und nachdenkliche Ausführungen müssen also erlaubt sein, ja, sie sind sogar dringend notwendig, um nicht auf einem Status quo zu verharren, der nur noch vordergründig geeignet ist, ein funktionierendes Wirtschaftsleben zu garantieren.

Wie schaffen wir es also, junge Berufseinsteiger als echte Persönlichkeiten ins Arbeitsleben zu integrieren? Was können Chefs tun, was Ausbilder? Welche Aufgabe kommt den Berufsschullehrern zu? Welche den Eltern heranwachsender Kinder?

Und was bedeutet diese Krise des Ausbildungsmarktes für künftige Konzepte in Kindergärten und Schulen? All diese Fragen sind der Hintergrund für die Ausführungen in diesem Buch, in dem die analytischen Erkenntnisse aus der kinder- und jugendpsychiatrischen Praxis in eine konstruktive Verbindung mit den Beobachtungen und Rückschlüssen aus der täglichen Arbeit der Personalleiterin in einem Wirtschaftsunternehmen gebracht werden.

Wenn es im Titel des Buches heißt: »Persönlichkeiten statt Tyrannen«, dann sei noch einmal darauf verwiesen, dass der Begriff des Tyrannen bzw. des tyrannischen Verhaltens in bewusster Zuspitzung eines Verhaltens gebraucht wird, unter dem andere Menschen zu leiden haben. Chefs und Kollegen, die ständig die Arbeit anderer übernehmen müssen oder unter der Unzuverlässigkeit von Azubis zu leiden haben, fühlen sich irgendwann hilflos und tatsächlich tyrannisiert.

Mit bewusster »*Tyrannei*« hat das indes selbstverständlich nichts zu tun. Die in den Fallbeispielen und Analysen beschriebenen Berufseinsteiger sind ja nicht böse oder wollen bewusst jemandem schaden. Sie sind vielmehr durch Erwachsene, die sie zu selbstbewussten Menschen mit großem Verantwortungsgefühl erziehen wollten, zu psychisch unreifen und damit unfreien Individuen geworden, deren Verhalten oft tyrannisch wirkt. Deshalb sind die geforderten Nachreifungsprozesse so wichtig; nur durch ein Nachreifen kann diese Abhängigkeit transformiert werden zur Persönlichkeitsbildung.

Der Jobeinstieg, sei es in Form einer Berufsausbildung nach der Schule oder auf dem Weg einer Einstiegsmöglichkeit nach dem Studium, bedeutet immer eine Weichenstellung. Welchen Weg wird der junge Mensch einschlagen? Hat er überhaupt von Beginn an die Fähigkeit, seinen eigenen Weg zu finden, sei es alleine, sei es mit Unterstützung durch sein Umfeld?

Schaut man sich Zahlen und Meinungen zur Lage auf dem Ausbildungsmarkt an, drängt sich der Eindruck auf, dass die Gleise, auf die es viele Jugendliche verschlagen hat, zunehmend nicht mehr die richtigen sind. Dieses Problem ist zwar erkannt, wird jedoch in der Regel durch Gleisbauarbeiten statt durch Änderungen am Fahrplan zu beheben versucht. Diverse Ausbildungsgänge werden reformiert, darauf folgt die Reform der Reform, oftmals übertüncht auch eine Umbenennung alter Berufsbezeichnungen die wahren Probleme. Selten nur beschäftigt man sich mit dem Fahrplan an sich. Denn auf welchen Wegen es im Berufsleben vorangeht, das wird bereits in jungen Jahren vorbereitet. Bereits im Kindergartenalter und erst recht in der Schule werden bei Kindern und Jugendlichen die psychischen Grundlagen dafür gelegt, wie sie sich später im Berufsleben verhalten. Anders gesagt: Ohne eine ganzheitliche Betrachtungsweise der Entwicklung vom frühen Kindes- bis ins Erwachsenenalter kommen wir bei den drängenden Problemen, die sich auch auf den Arbeitsmarkt auswirken, nicht weiter.

Dabei ist hinsichtlich der psychischen Entwicklung im Kindes- und Jugendalter auch auf Folgendes hinzuweisen: Der Jugendliche beginnt erst mit 15 oder 16 Jahren endgültig so genannte Ich-Leistungen zu erbringen, also beispielsweise zu erkennen, dass er all seine Aktivitäten *für sich selbst* ausführt. Bis zu diesem Alter werden alle Dinge, je nach Alter natürlich, noch *für andere* erfüllt. Der sechsjährige Sohn deckt folglich *für die Eltern* den Tisch, die neunjährige Tochter geht ebenfalls immer noch *für den Lehrer oder auch für die Eltern* in die Schule bzw. erledigt die Hausaufgaben. Die Fähigkeit, vorausschauend, mit Blick auf die eigene Zukunft zu handeln, entwickelt sich erst spät im Jugendalter. Das mag für manchen eine harte Erkenntnis sein und Weltbilder zerstören, ist aber Realität und muss beim Umgang mit Kindern und Jugendlichen Beachtung finden. Der partnerschaftliche Umgang mit kleinen Kindern bedeutet, diese Fakten zu ignorieren und die angemessene Psycheentwicklung in späteren Jahren zu behindern.

Zahlen und Statistiken belegen dabei zunächst einmal, von welchen Auswirkungen psychischer Unreife auf den Arbeitsmarkt hier die Rede ist. Grundlegende und in Zahlen konkretisierbare Aussagen über Ausbildungsfähigkeit werden etwa berührt, wenn in einer Studie über »Rechtschreib- und elementare Rechenkenntnisse bei Ausbildungsplatzbewerbern«[4] Rückgänge im zweistelligen prozentualen Bereich in diesen Fächern konstatiert werden. Im Rechtschreibtest ging der durchschnittliche Anteil richtiger Lösungen im Vergleich zwischen 1975 und 2008 um 26 % (Hauptschüler) bzw. 23 % (Realschüler) zurück, beim elementaren Rechnen sogar um 35 % (Hauptschüler) bzw. 26 % (Realschüler).

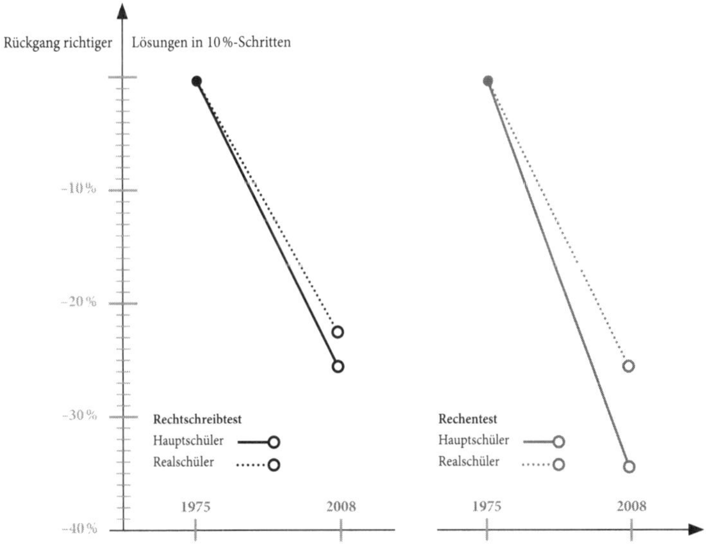

4. Langzeitstudie über Rechtschreib- und elementare Rechenkenntnisse bei Ausbildungsplatzbewerbern. BASF, Ludwigshafen, November 2008.

Was das heißen kann, deutet folgendes Zitat aus einem Artikel in der Frankfurter Allgemeinen Sonntagszeitung an:

> »Heike Solga, Direktorin für die Forschungsabteilung Ausbildung und Arbeitsmarkt am Wissenschaftszentrum Berlin, ärgert sich [...] darüber, dass viele behaupten, die Demografie werde alle Probleme für die Jugendlichen, eine Ausbildungsstelle zu bekommen, erledigen: ›Wir sitzen auf einer seit Jahren tickenden Zeitbombe‹, meint sie. ›Jeden siebten jungen Erwachsenen oder knapp 1,5 Millionen Menschen schicken wir ohne eine Berufsausbildung ins Erwerbsleben.‹ Der Grund: Diese Jugendlichen sind einfach zu schlecht gebildet, um überhaupt noch auf dem Arbeitsmarkt zu bestehen. Die Öffentlichkeit ignoriere das, denn die Statistik unterschlage all jene Jugendlichen, die nach der Schule in den umfangreichen Übergangssystemen und Maßnahmen landeten, Praktika machten oder jobbten. Auch durch den zunehmenden Nachwuchsmangel werde sich das nicht erledigen, sagt Solga.«[5]

In diesem Zitat ist gleich noch das verschärfende Element in der Ausbildungsdiskussion mit angesprochen, Stichwort »Nachwuchsmangel«. Bisweilen werden Beruhigungspillen in der Form verabreicht, dass man sagt, aufgrund der nun ins Berufsleben eintretenden geburtenschwachen Jahrgänge löse sich das Problem von selbst, und jeder bekomme quasi automatisch einen Ausbildungsplatz. Das ist natürlich pure Augenwischerei, sind doch diese Jahrgänge leider nicht nur geburtenschwach, sondern zeigen auch unübersehbare Schwächen hinsichtlich ihrer Ausbildungsreife. Dabei muss

5. Germis, Carsten und Inge Kloepfer: Gute Chancen für junge Leute. In: FAS Nr. 36 v. 6.9.2009. S. 38.

in unserem Zusammenhang angemerkt werden, dass die von Heike Solga monierte »schlechte Bildung« der Bewerber allem Anschein nach das vordergründige Ergebnis, also ein »Symptom« der Tatsache mangelnder Reife sein dürfte. Bildung kann nur in sehr beschränktem Maße erworben werden, wenn die psychischen Voraussetzungen dafür, den Versuchen der Bildungsvermittlung von Lehrern und Ausbildern zu folgen, nicht gegeben sind.

So kommt etwa eine Studie der IHK Oberbayern[6] für den Ausbildungsjahrgang 2009 zu dem Ergebnis, dass »mangelnde Ausbildungsreife« als Grund für Nicht-Besetzung von Lehrstellen prozentual einen enormen Anstieg zu verzeichnen hat. Von 44 Prozent im Jahr 2007 über 52 Prozent 2008 gibt es einen erneuten Sprung auf 57 Prozent für 2009. Nimmt man eine weitere Steigerung in ähnlichem Ausmaß an, wären in den nächsten Jahren zwei Drittel eines Jahrgangs in den Augen der Betriebe nicht mehr ausbildungsfähig!

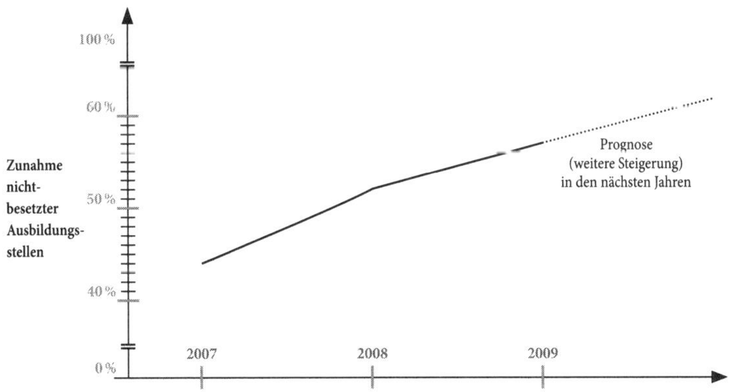

6. Online-Umfrage der IHK für München und Oberbayern. Frühjahr 2009, Auswertung für Oberbayern. An der Umfrage beteiligten sich 1250 Betriebe aus unterschiedlichen Branchen vom Baugewerbe bis zum IT-Bereich.

Bei den einzelnen Gründen für die mangelnde Reife konstatieren die Autoren der Studie beispielsweise eine abnehmende »Belastbarkeit« und verschlechternde Tendenzen bei den »Umgangsformen«. Bei »Leistungsbereitschaft und Motivation« hat sich die Situation zwar nicht verschlimmert; dieser Grund wird jedoch immer noch bei fast der Hälfte der Bewerber als ausschlaggebend für die mangelnde Ausbildungsfähigkeit genannt.

All diese Klagen sind nicht neu, doch sie lassen sich auch nicht mit dem beliebten Argument »Das war schon immer so!« vom Tisch wischen. Denn sowohl quantitativ als auch qualitativ manifestiert sich die Krise auf dem Arbeitsmarkt immer mehr auch im Hinblick auf die jungen Berufseinsteiger.

Dabei geht es nicht nur um mangelnde Ausbildungsreife von Schulabsolventen. Auch der Einstieg »eine Etage höher«, als Hochschulabsolvent in verantwortungsvolle Positionen, läuft immer seltener nach den Vorstellungen der Personalchefs. Übersteigertes Anspruchsdenken, mangelnde Praxistauglichkeit oder stark ausgeprägte Ich-Bezogenheit sind ebenfalls als Auswüchse einer Entwicklung zu sehen, für die man erst mit dem Blick auf die psychische Reifeentwicklung junger Menschen konsistente Erklärungsmodelle erhält.

Gute Arbeit braucht eine reife Psyche

Vielleicht war heute Morgen, als Sie zur Arbeit gehen mussten, schlechtes Wetter. Oder Sie haben es gestern Abend etwas später werden lassen, weil noch gute Freunde zu Besuch bei Ihnen waren und der jüngst neu entdeckte Rotwein so exzellent schmeckte. Bleiben Sie dann am nächsten Tag zu

Hause? Lassen Sie Ihren Betrieb Betrieb sein und die Kollegen für heute einfach mal Ihren Job machen?

Wir denken, die meisten von Ihnen würden nur eines machen: die Zähne zusammenbeißen, über das Wetter fluchen oder sich schwören, nie mehr so lange zu feiern, wenn am nächsten Tag die Arbeit ruft, und dann würden Sie natürlich zur Arbeit gehen.

Es macht nicht jeden Tag Spaß, ins Büro zu gehen, und doch tun die allermeisten von uns es ganz selbstverständlich, ohne ernsthaft abzuwägen, ob es nicht besser wäre, zu Hause zu bleiben. Der Grund, warum wir das können, ist unsere reife Psyche. Wir sind damit in der Lage, eine Fremdbestimmung zu akzeptieren, können Frustration bis zu einem gewissen Grad aushalten und verfügen über ein Gewissen und das Verantwortungsgefühl, das uns von der einen oder anderen dummen Tat abhält. Wir können abwägen und damit Prioritäten setzen.

Natürlich klappt das alles manchmal besser, manchmal schlechter. Niemand ist vor Launen sicher, und es ist auch keine Schande, sich diesen einmal hinzugeben, wenn das Verlangen zu groß ist und dadurch anderen kein Schaden entsteht. Es geht hier nicht um blinden Gehorsam und totale Entsagung, sondern gerade darum, was ein soziales Miteinander erwachsener Menschen erst ermöglicht.

Wir können uns in diesem sozialen Miteinander arrangieren, weil wir von klein auf unsere Eltern und andere Erwachsene als »Strukturvorgabe« erlebt haben, um dann immer mehr an Selbstständigkeit zu gewinnen. Mit fünf Jahren haben wir uns gefreut, den Eltern beim Tischdecken zu helfen, mit fünfzehn waren wir zwar mitten in der pubertären Rebellion, wussten jedoch zugleich immer, dass wir nicht allein auf der

Welt sind und ein funktionierendes Zusammenleben davon abhängt, wie wir mit unseren Mitmenschen umgehen.

Das ist also der Grund, warum eine reife Psyche wichtig ist und aus psychischer Nicht-Entwicklung so große Probleme entstehen. Ein häufig gemachter Denkfehler besteht darin zu glauben, dass eine enge Begleitung von Kindern und Jugendlichen, durch die die Psyche sich entwickelt, ein Kennzeichen von Erziehung zum Gehorsam ist; nein, diese bringt das genaue Gegenteil hervor: freie, selbstständige und sozial engagierte Menschen. Nur wer in der Wachstumsphase immer gespürt und erlebt hat, dass seine Existenz ihren Wert durch die Wechselwirkung mit anderen Individuen entfaltet, kann später auch den Wert anderer Menschen erkennen und anerkennen.

Wer eine gesunde psychische Reifeentwicklung durchlaufen durfte, konnte und kann sich dann auch im Arbeitsleben zurechtfinden, ohne die Geduld von Chefs und Mitarbeitern so zu strapazieren, wie wir es im folgenden Beispiel sehen können, von dem ein Malermeister berichtet, der mit seinem Azubi zum Kunden gefahren war:

»Bei einem normalen Anstrich gibt es eine ziemlich genaue Abfolge von Arbeitsabläufen. Zuerst müssen die in der Wohnung befindlichen Gegenstände abgedeckt werden. In diesem Fall war es ein Wohnzimmer. Nachdem ich dies meinem Auszubildenden erklärt und ihm gezeigt hatte, wo er die Abdeckmaterialien findet, dachte ich, alles könne erledigt werden, und verließ mich darauf, dass die Vorbereitungen ausgeführt würden.

Ich kümmerte mich also kurz um eine andere Sache und kam ca. 30 Minuten später zurück. Außer dem Couchtisch und zwei Sesseln war gar nichts abgedeckt. Schränke, eine Couch und mehrere Kleinmöbel standen nach wie vor unberührt im Wohnzimmer. Mein Azubi verweilte – auf mich wartend – daneben und hatte sich erst mal eine Zigarette angesteckt. Auf meine Frage, warum er nicht fertig abgedeckt habe, antwortete er: ›Ich habe doch abgedeckt! Dass ich alles *abdecken soll, haben Sie mir nicht gesagt.‹ Auf meine Entgegnung, dass er sich mit seinen 17 Jahren doch denken können müsste, dass vor einem Anstrich alle Gegenstände abgedeckt werden müssen, um die Verschmutzung durch Farbspritzer zu vermeiden, beharrte er darauf, das hätte ich ihm schon sagen müssen. Solche Dinge passieren mit unseren Azubis immer wieder und machen mich jedes Mal wieder sprachlos.«*

Was geht hier schief? Der Azubi ist offensichtlich entweder nicht in der Lage oder nicht willens, den Arbeitsauftrag vollständig und mit einem Minimum an eigenem Mitdenken auszuführen. Dabei traut man einem 17-Jährigen ja durchaus zu, den kleinen Gedankensprung, alle Möbel abzudecken, selbstständig auszuführen.

Bei der Beurteilung einer solchen Situation ist entscheidend, wo man ansetzt. Geht man an die Symptome, kommt dabei zu Interpretationen wie Arbeitsverweigerung, Begriffsstutzigkeit oder Ignoranz? Oder nimmt man diese als Auswirkungen tiefer liegender Ursachen? Letzteres scheint uns sinnvoller!

Dem Azubi fehlen offensichtlich einige wichtige psychische Funktionen. Er erkennt die Fremdbestimmung durch seinen Chef nur widerwillig an, indem er nur ein Minimum an Anweisungen ausführt. Auf Kritik reagiert er lediglich mit der respektlosen Bemerkung, das müsse man ihm schon alles ganz genau sagen.

Es ist nicht schwer zu prognostizieren, dass der junge Mann mit diesem Verhalten in seiner Berufslaufbahn nicht weit kommen wird. Keine Firma kann es sich auf Dauer leisten, Mitarbeiter zu beschäftigen, die grundlegende Arbeitsabläufe quasi boykottieren.

Da sich solche Vorkommnisse häufen, wäre es jedoch umso wichtiger, Firmen dafür zu sensibilisieren, dass sie es zukünftig immer häufiger mit Jugendlichen zu tun haben werden, die nicht automatisch voll arbeitsfähig sind, auch wenn sie ihre Schullaufbahn beendet haben. Eine entwickelte Psyche konnte bisher in der Regel vorausgesetzt werden; Ausnahmen davon, die diese Regel bestätigten, waren eben genau dies: Ausnahmen.

Doch wenn die Ausnahme langsam aber sicher zur Regel zu werden droht, braucht es neue Erkenntnisse, eine veränderte Herangehensweise in Firmen und eine entsprechende Sichtweise bzw. ein entsprechendes Bewusstsein von Chefs, Ausbildern und Personalverantwortlichen. Deshalb versuchen wir hier die Kombination von kinderpsychiatrischer Erkenntnis und arbeitspsychologischer Praxis.

Darüber hinaus brauchen wir für kommende Generationen Konzepte in Kindergarten und Grundschule, um wieder eine gesunde psychische Reifeentwicklung zu ermöglichen. Nur so lässt sich das Thema an seinem Ursprung angehen.

Rausch der Geschwindigkeit

Das letzte Jahrzehnt des zwanzigsten und mehr noch das erste des einundzwanzigsten Jahrhunderts werden in der noch zu schreibenden Geschichte der Psyche als die Jahre eingehen, in denen die psychische Reife junger Menschen zu schwinden begann.

Bis ins 19. Jahrhundert hinein hatte das Leben der Menschen ein ganz anderes Tempo; aus heutiger Sicht würde man es als eher langsam bezeichnen. Alles brauchte seine Zeit, Beschleunigungsprozesse hatten noch nicht die Oberhand gewonnen. Menschen erledigten Dinge im Großen und Ganzen *nach*einander, nicht *neben*einander. Multitasking hätte als Modewort keine Chance gehabt.

Mit Beginn der Industrialisierung gewann das »Tempo-Virus« langsam die Oberhand. Heute hat es uns fest im Griff, wie der Autor des gleichnamigen Buches feststellt:

> »Das latent vorhandene Unbehagen an der Beschleunigung speist sich nur zu einem geringen Teil aus dem Aufmarsch der vielen technischen Geräte, die Produktion, Transport und Kopfarbeit beschleunigen. Die Skeptiker verweisen vielmehr auf die vielen Mutationen, die der pressierte Mensch im täglichen Umgang mit den unterschiedlichen Tempomachern erfahren hat. Vielen treibt es den Angstschweiß auf die Stirn, weil nach ihrer Ansicht eine Art von Geschwindigkeitsvirus tief in die Poren des menschlichen Lebens und Denkens eingedrungen ist, weil dieses Virus den Menschen verändert hat: seine Lebensweise, sein Verhalten, seine Werte, seine Mentalität und seine Erwartungshaltung.«[7]

Wer heute kein Multitasker ist, hat schon verloren. Er kommt nicht mehr mit, hält nicht Schritt mit der Technik und damit nach Meinung vieler Zeitgenossen auch nicht mit dem gesellschaftlichen Fortschritt. Dass nicht jede technische Inno-

7. Borscheid, Peter: Das Tempo-Virus. Eine Kulturgeschichte der Beschleunigung. Frankfurt a. M. 2004. S. 7f.

vation auch gleichzeitig eine zivilisatorische ist, wird oft überhaupt nicht bedacht.

Wir empfinden die Existenz dieser sich ins schier Unendliche beschleunigenden Welt oft als ganz normal. Der Lauf der Dinge eben, der Rausch der Geschwindigkeit kann ja auch Spaß machen. Und doch machen wir dabei die Rechnung ohne unsere Psyche.

Was jeder Einzelne von uns beim ständigen Rotieren im Hamsterrad des Alltags nicht mehr im Blick behalten kann, ist die Beziehung zu anderen Menschen. Von besonderer Bedeutung ist dieser Umstand für Kinder. Sie sind diejenigen, die eines vor allem brauchen: Beziehung. Beziehung zu ihren Eltern an erster Stelle, aber auch Beziehung zu Erzieherinnen, Lehrern und anderen Erwachsenen.

Beziehung aufzubauen und aufrechtzuerhalten, benötigt jedoch Zeit und Ruhe, gerade im Hinblick auf Kinder. Hier liegt der Hase im Pfeffer. Die überfordernde soziale Situation vieler Erwachsenen hat Beziehungsstörungen entstehen lassen, die die psychische Reifeentwicklung vieler junger Menschen entscheidend behindern.

Mag es vordergründig ein gutes Gefühl sein, zwischen Hunderten von Telefon- und Internettarifen auswählen zu können, so wird daraus spätestens, wenn man eine Woche nach Abschluss merkt, dass der gewählte Tarif noch von fünf anderen unterboten wird, ein Gefühl des Versagens und der Unzufriedenheit. Die Devise »weniger wäre mehr gewesen« galt selten so sehr wie heute in Zeiten des ständigen Überangebotes an vielfach überflüssigen Möglichkeiten.

Die Generation, die in den letzten Jahren, heute und in den nächsten Jahren auf den Arbeitsmarkt strömt, ist genau in diesem Spannungsfeld aufgewachsen. Immer mehr Eltern sind nicht mehr bei sich und damit ihrem Kind ein schützendes Gegenüber, sondern lassen sich auf der Nase herumtanzen, in der Hoffnung, sich damit die Liebe ihrer Kinder zu sichern. Viele Lehrer haben Angst davor, als Respektsperson zu gelten, begleiten nur noch, statt anzuleiten, werden zu Mentoren statt Lehrern und arbeiten an ihrer eigenen Abschaffung.

Viele Erzieherinnen in Kindergärten werden immer häufiger dazu angehalten, Drei- und Vierjährige stärker sich selbst zu überlassen, um sie in ihrer »Selbstständigkeit« nicht einzuschränken. Hierbei wird aufgrund des partnerschaftlichen Ansatzes verkannt, dass es nicht um Selbstständigkeit, sondern um Selbstbestimmung geht. Diejenigen, die Kinder trotzdem klar anleiten, müssen Reaktionen entrüsteter Eltern fürchten.

Kurzum: Der feste Wille, die in den Sechzigerjahren erkämpfte Freiheit in der Erziehung unterschiedslos und unreflektiert auf alle möglichen Erwachsenen-Kind-Beziehungen zu übertragen, hat in der Konsequenz zu neuem sozialen Sprengstoff geführt. Von einer zu streng hierarchischen Gesellschaft mit unterdrückenden Tendenzen haben wir uns zu einer immer verantwortungsloseren Gesellschaft hin entwickelt, in der sich zunehmend niemand mehr für den anderen zuständig fühlt, in der es als höchstes Gut gilt, »sein Ding durchzuziehen« und Einfluss von außen schnell als persönliche Einschränkung wahrgenommen wird.

Schnelligkeit ist dabei die Begleiterscheinung der geforderten hohen Qualität einer Selbstverwirklichung, die uns heute als unbedingt erstrebenswert erscheint. So ist es letztlich auch nur konsequent, wenn Kindern nicht mehr Gelegenheit gegeben wird, ihre Kindheit in Ruhe zu erleben und zu genießen. Die partnerschaftliche Sichtweise macht sie in frühester Kindheit zu Erwachsenen, für den Schutzraum einer unbelasteten Kindheit bleibt keine Zeit; sie könnten ja etwas verpassen.

Bestandteil dieser Situation sind viele moderne Erscheinungen wie etwa die Überfrachtung der Kinder mit Terminen. Englisch und Chinesisch im Kindergartenalter, dazu Musikschule, Sportverein und andere Aktivitäten: Geradezu zwanghaft scheint bei manchen Eltern der Drang, keine Minute im Terminkalender, weder im eigenen noch in dem der Kinder, frei zu lassen.

Die Beziehungsstörungen reflektieren somit den Geschwindigkeitswahn der modernen Zeit auf geradezu unheimliche Art und Weise. Ist es für viele Erwachsene eine neue, erschreckende Erfahrung der letzten Jahre, wie sehr einem die permanente Echtzeitkommunikation über verschiedenste Internet-Plattformen Zeit und Ruhe raubt, so wachsen unsere Kinder mit dieser Erfahrung von Geburt an auf. Das verführt manchen dazu, die Wirkung auf die Psyche zu marginalisieren und der älteren Generation Rückständigkeit vorzuwerfen. So anpassungsfähig der Mensch an neue Entwicklungen jedoch ist, so sehr sollten dabei die damit einhergehenden latenten Gefahren im Auge behalten werden.

Kann sein – kann aber auch nicht sein. Zur Frage der Empirie

Soweit möglich, verweisen wir an gegebener Stelle in diesem Buch auch auf Statistiken, die sich im weitesten Sinne zum Thema Ausbildungsmarkt finden lassen. Eines jedoch ist dabei ganz logisch: Empirisches Material zum Zusammenhang zwischen Ausbildungsfähigkeit und psychischer Reife bei jungen Menschen gibt es so gut wie gar nicht, weil die Beziehungsstörungen – das ist ihr Charakteristikum – unbewusst sind und als Hintergrund für viele problematische Phänomene daher noch nicht erkannt worden sind.

Was lässt sich daraus schließen? Wie in der anhaltenden Diskussion um »Warum unsere Kinder Tyrannen werden« zu erkennen ist, liefert das Fehlen solchen Zahlenmaterials vor allem denjenigen Argumente, die sich der ernsthaften Diskussion letztlich verschließen (aus welchem Grund auch immer) und lieber mit einem kräftig vor sich hin gemurmelten »Alles nicht so schlimm, war doch irgendwie immer schon so, wird immer so bleiben und wird schon irgendwie gehen« weiter vor sich hin wurschteln wollen.

Aber ist es sinnvoll, nach dem Motto »Was ich nicht weiß, macht mich nicht heiß« die Zukunft unserer Kinder und Jugendlichen und damit letztlich die Zukunft der Gesellschaft insgesamt aufs Spiel zu setzen? Wie viel Fortschritt im menschlichen Denken und Handeln wäre wohl unterblieben, wenn das Argument »Das lässt sich aber nicht beweisen!« das letztgültige wäre?

Nein, so kommen wir nicht weiter. Die Darstellung in diesem Buch beruht sehr wohl auf Empirie. Nämlich auf den Erfahrungen vieler einzelner Personen aus der Berufswelt, die sich mit den bisherigen Analysen aus kinderpsychiatrischer Sicht hervorragend in Verbindung bringen lassen. All diese Personen, die wir zu Wort kommen lassen, sind jedoch Berufs*praktiker*, keine Wissenschaftler, die Studien anfertigen. Sie stehen im Job ihren Mann und ihre Frau und möchten dies auch gerne ihren jetzigen und künftigen Auszubildenden ermöglichen. Und auch die Autoren dieses Buches stehen täglich im Beruf und sammeln Erfahrungen, die in die Analyse einfließen.

Es ist einzelnen Personen unmöglich, groß angelegte Studien zu erstellen, um die Thesen, die der Alltag immer aufs Neue erhärtet, mit Zahlenmaterial zu untermauern. Umso wichtiger ist es, dass die hier gesammelten praktischen Erfahrungen sowie die daraus entstandenen Analysen und Thesen endlich in die Forschung einfließen. Unser Ziel ist ein Erkenntnisgewinn und damit eine Sensibilisierung, die letztlich auch auf wissenschaftlicher Ebene dafür sorgt, dass Langzeitstudien angestoßen werden, die jene Zusammenhänge zwischen psychischer Reife und Arbeitsfähigkeit in den Blick nehmen.

Wichtige Fragestellungen könnten dabei beispielsweise sein:

- *Welchen Zusammenhang gibt es zwischen Ausbildungsfähigkeit und psychischem Reifegrad?*
- *Wie ist es um den psychischen Reifegrad von (angehenden) Auszubildenden, jungen Berufseinsteigern und/oder Studenten bestellt?*
- *Hat die Berufsschule bzw. haben die betrieblichen Instanzen Instrumente (oder entwickeln diese), mit denen Unreifeerscheinungen entgegengewirkt werden kann?*
- *Ist das Problem auf der bildungspolitischen Ebene erkannt? Welche Weichenstellungen werden hier vorgenommen (oder eben auch nicht)?*

Noch ist es so, dass oberflächliche Retuschen am System immer wieder als Bildungsreform verkauft werden, während es unter der Oberfläche brodelt und der Vulkanausbruch unmittelbar bevorzustehen scheint. Ein solcher Tanz auf dem Vulkan aber ist unverantwortlich im Hinblick auf die Zukunft jetziger und kommender Generationen von jungen Menschen.

Da werden Fakten ignoriert, weil sie dem einen nicht ins wissenschaftliche, dem anderen nicht ins politische Weltbild passen. Doch gerade die vielen positiven Rückmeldungen aus den Reihen der Lehrer und Erzieherinnen auf die Ausführungen in »Warum unsere Kinder Tyrannen werden« und »Tyrannen müssen nicht sein« zeigen, wie genau der Nerv der Praktiker getroffen wurde. Und alle Gespräche, die für dieses Buch mit Eltern, Chefs, Ausbildern und Berufsschullehrern geführt wurden, weisen in die gleiche Richtung.

Unser dringender Appell lautet also: Die Frage der psychischen Reife bzw. der Auswirkungen, wenn diese nicht vorhanden ist, gehört auf die Agenda des wissenschaftlichen Betriebes und der politischen Diskussion! Es wäre ein Leichtes, diese Frage in Seminaren zu stellen, Studenten die Möglichkeit zu geben, auf einem weitgehend unbearbeiteten Gebiet ihre bisher nur akademischen Fähigkeiten praktisch anzuwenden.

Auch IHKs und Berufsverbände wären hier geeignet, Studien einzufordern, die den offensichtlichen Problemen ihrer Mitgliedsbetriebe auf den Grund gehen. Anhand des dann zutage tretenden Zahlenmaterials würde es möglich werden, in die bildungspolitischen Entscheidungsebenen vorzudringen und dort den Blick für die Problematik zu schärfen. Denn großflächige Veränderungen können nur von dort ausgehen, wo die übergeordneten Konzepte der Schul- und Bildungspolitik diskutiert und beschlossen werden. Kleine Veränderungen kann jeder sofort im eigenen Umfeld vornehmen, aber auf Dauer braucht er dazu auch (schon aus rein psychologischen Gründen!) die Unterstützung »von oben«.

Kapitel 3

Schöne neue Arbeitswelt?

Thomas ist 18 Jahre alt, hat frisch sein Abitur in der Tasche und bewirbt sich um einen Ausbildungsplatz in einer Elektronikfirma.

Um zu testen, was der Bewerber leisten kann, nimmt der Chef ihn mit zum Kunden und bittet ihn, ihm dort bei der Montage von Lampensystemen zu helfen. Vier baugleiche Systeme müssen angebracht werden und Thomas bekommt die immer gleichen fünf Schritte, die zur Montage notwendig sind, vorab erklärt.

Trotz dieser Hilfestellung hat Thomas Schwierigkeiten. Stirnrunzelnd tut er sein Bestes und schafft es beim vierten und letzten Lampensystem tatsächlich, ohne zusätzliche Erläuterung die Bauteile in der richtigen Reihenfolge zu reichen.

Schließlich verlangt der Chef nun auch noch die spontane Lösung einer Rechenaufgabe von ihm. 4,25 Meter sollen durch fünf geteilt werden, um Abstände von Halterungen auszurechnen. Die Reaktion des Abiturienten und angehenden Azubis ist der direkte Griff zum Handy. Er dreht sich um und tippt auf dem Gerät herum. Auf die Nachfrage des Chefs, was er da eigentlich mache, antwortet er ohne den leisesten Zweifel an der Sinnhaftigkeit seines Tuns: »Ich rechne das nur eben schnell aus.« Auf eine weitere Nachfrage des Chefs, warum er dazu sein Handy brauche, lautet die Antwort: »Die Frage verstehe ich nicht. Wir durften ab der vierten Klasse immer einen Taschenrechner benutzen.«

Schulabschlussfeiern haben ihre ganz eigene Stimmungslage. Über allem schwebt eine Ahnung. Eine Ahnung davon, dass nun der Ernst des Lebens beginnen könnte. Auch wer nach dem Abi zunächst die Universität besucht, muss dieser Wahrheit doch irgendwann ins Auge schauen: Das Berufsleben wartet. Bewerbungen schreiben, Wissen anwenden, mit Kollegen auskommen, Tag für Tag ran müssen, ohne ab und zu mit oder ohne Attest einfach »blau« machen zu können. Mit anderen Worten: arbeiten gehen.

Dieser Übergang von Schule oder Uni in den Beruf markiert vielleicht die wahre Grenze zwischen Kind- bzw. Jugendlichsein und Erwachsensein: Eine neue Qualität der Verantwortung für sich und andere kommt auf jeden zu, der diesen Übergang zu meistern hat.

Dabei ist die Unsicherheit in den Unternehmen kaum geringer als bei den potenziellen Bewerbern. Wissen die einen nicht, ob sie einen guten Ausbildungsplatz, eine Traineestelle, ein Volontariat o.Ä. finden, so wissen die anderen nicht, ob sie die Unternehmenspositionen weiterhin mit engagierten und gut vorgebildeten Menschen besetzen können.

Das zeigt bereits, dass beide Seiten betrachtet werden müssen. Junge Berufseinsteiger haben berechtigte Erwartungen an die Firmen, diese wiederum dürfen (und müssen) jedoch auch einiges von den Bewerbern erwarten. Die Debatte um mangelnde Ausbildungsreife alleine ist in dieser Hinsicht häufig wenig zielführend, da sie sich allzu oft im Lamento über die schlecht erzogene »Jugend von heute« erschöpft.

Wir brauchen diese Debatte, doch muss sie um entscheidende Aspekte angereichert werden. Chefs und Ausbilder, aber auch Berufsschullehrer und Berufsberater sollten ihren Umgang mit den jungen Leuten zunehmend vor dem Hintergrund von Veränderungen in den Verhältnissen zwischen Erwachsenen und jungen Menschen sehen. Sie müssen sich einerseits kritisch fragen, ob sie selbst einen zu partnerschaftlichen Umgang mit den jungen Mitarbeitern pflegen. Andererseits können sie vor allem ein Gefühl dafür bekommen, welche besonderen Hintergründe Fehlverhalten haben kann, wenn man es auf mangelnde psychische Reife zurückführt, und sie müssen Möglichkeiten erkennen, solch mangelnder Reife bei Azubis und Berufseinsteigern entgegenzuwirken.

Das bedeutet, dass es bei der Diskussion um die Lösung der Probleme nicht um Strenge, Konsequenz und Grenzen setzen gehen darf, sondern die Beziehungsebene in den Vordergrund rücken muss. In der Arbeitswelt entspricht das zunächst einmal nicht den scheinbar altbewährten und oft nicht hinterfragten Prinzipien, bei denen es früher um die bedingungslose Autorität des Chefs und heute um ein möglichst partnerschaftliches Verhalten von Vorgesetzten geht. Zu lernen, dass Führen, Anleiten und Korrigieren nichts mit autoritärem Verhalten zu tun hat, sondern mit einer engen Begegnung auf der Beziehungsebene, ist für viele Vorgesetzte möglicherweise schwierig und fremd, gehört jedoch zu den unbedingten Erfordernissen der Arbeitswelt.

Auch bei Führungskräften in Unternehmen kommt es bisweilen zu dem Phänomen, dass diese von ihren Mitarbeitern vor allem gemocht werden wollen und daher einen Führungsstil anwenden, der in die Irre führt. Es herrscht die Angst vor, von unterstellten Kollegen als autoritär und kontrollsüchtig gesehen zu werden, wenn sie sich intensiver in die Arbeit ihrer Mitarbeiter »einmischen«.

Dabei geht es nicht um eine Einmischung aus Lust und Laune oder um Kontrolle als Selbstzweck. Es geht vielmehr darum zu verstehen, dass der in vielen »Firmenverfassungen« größerer Unternehmen sogar schriftlich fixierte Aspekt der Partnerschaftlichkeit zwischen Erwachsenen in verschiedenen hierarchischen Positionen nicht mit einem »Laissez-faire«-Führungsstil zu verwechseln ist. Diese Form einer betrieblichen Partnerschaftlichkeit meint ein wertschätzendes Gegenübertreten der Führungskraft in Bezug auf ihre Mitarbeiter. Wertschätzung bedeutet jedoch auch, den anderen wissen zu lassen, wo er steht und wie seine Arbeit eingeschätzt wird. Das ist im besten Fall positiv und motivierend, kann aber natürlich genauso zu einer Äußerung von Kritik und zum Benennen von Fehlern führen. Solange dies fachlich fundiert und der Persönlichkeit des Kritisierten gegenüber wertschätzend geschieht, sollte für Führungskräfte kein Hindernis vorhanden sein, ihrer Position im Unternehmen gerecht zu werden. Feedback und Spiegelung ihrer Verhaltensweisen sind das gute Recht von Mitarbeitern, das häufig gewollt ist und nach dem diese bewusst fragen; und das ist nichts, womit die Vorgesetzten in Firmen etwas falsch machen und Sympathien verspielen.

Die Ausbildungsmisere – Wie Öffentlichkeit und Betriebe die Sache sehen

»Generation kann nix« schrieb die Online-Ausgabe der *WELT* im April 2004 über die Ausbildungsplatzbewerber am Beginn des 21. Jahrhunderts. Und es bedarf keiner intensiven Recherche, um auf ähnliche Schlagzeilen in der Presse zu stoßen. Im Juni 2005 klagt der *General-Anzeiger* über »Zu wenig geeignete Bewerber«, und während die *Deutsche*

Handwerkszeitung im Februar 2005 feststellt, »Rund ein Viertel aller Schüler verlassen heute die allgemeinbildenden Schulen ohne ausreichende Ausbildungsreife«, packt der *Tagesspiegel* im März desselben Jahres noch einmal 25 Prozent drauf und stellt nüchtern fest: »50 Prozent der Schüler sind nicht ausbildungsfähig«.

Über Zahlen und Statistiken lässt sich bekanntlich lange und oft ergebnislos streiten, allein: Es ist etwas faul im Bereich der Berufsausbildung, und das geht über das Phänomen hinaus, dass die etablierten Erwachsenen schon immer über den Sittenverfall junger Leute lamentiert haben, weil die Erinnerung an die eigene Jugend verblasst ist.

Nein, Stimmen wie die des Inhabers eines Einzelhandelsgeschäftes nehmen zu, wenn auch nicht immer in dieser Hoffnungslosigkeit:

> »Zahlreiche Lehrlinge haben wir bereits in der Firma gehabt. Leider ist jedoch in den letzten zehn Jahren ein kontinuierlicher Abfall an Leistungsbereitschaft und Einsicht zu verzeichnen. Nachdem sich die letzten drei Azubis nicht bis zur Abschlussprüfung halten konnten, ist unser Ausbildungswille nachhaltig beschädigt. Durch die Erfahrungen mit unseren Azubis in den letzten Jahren sind uns zahlreiche Kosten und Mühen entstanden, das ist schon ärgerlich. Aber, was noch viel schlimmer ist: Jegliches Vertrauen in die Zukunft für andere, neue Auszubildende ist bis auf Weiteres zerstört.«

Um Missverständnissen vorzubeugen, ist es sicher sinnvoll, an dieser Stelle zunächst einmal zu definieren, was hier unter Ausbildungsreife verstanden werden soll. Es kann dabei nicht um Dinge gehen, die nur in bestimmten Berufen oder

Bereichen gefragt sind. Spezialkenntnisse und -fertigkeiten, die der eine Beruf verlangt, viele andere Berufe jedoch nicht, sind eben dies: Spezialkenntnisse, und nicht als relevant für die Frage der Ausbildungsreife zu betrachten. Überspitzt formuliert: Wer nicht schwindelfrei ist, sollte sicher nicht Dachdecker werden wollen, kann aber ein hervorragender Bankkaufmann sein.

Unter Ausbildungsreife müssen also Voraussetzungen subsumiert werden, die vor allem das Sozialverhalten in den Fokus nehmen, sowie darüber hinaus Grundfertigkeiten, die jeder Mensch auch unabhängig von bestimmten Berufsrichtungen und auch außerhalb der beruflichen Tätigkeit unbedingt haben sollte.

Nach einer Studie des Bundesinstitutes für Berufsbildung (BIBB) werden durchgängig folgende Merkmale zu diesen Voraussetzungen gezählt:

> »Zuverlässigkeit, die Bereitschaft zu lernen, die Bereitschaft, Leistung zu zeigen, Verantwortungsbewusstsein, Konzentrationsfähigkeit, Durchhaltevermögen, Beherrschung der Grundrechenarten, einfaches Kopfrechnen, Sorgfalt, Rücksichtnahme, Höflichkeit, Toleranz, die Fähigkeit zur Selbstkritik, Konfliktfähigkeit, Anpassungsfähigkeit und zu guter Letzt die Bereitschaft, sich in die betriebliche Hierarchie einzuordnen.«[8]

Diese Werte und Fähigkeiten dürften weitestgehend konsensfähig sein, da ohne sie ein konstruktives Miteinander in

8. Ehrental, Bettina, Eberhard, Verena und Joachim Gerd Ulrich: Ausbildungsreife – auch unter Fachleuten ein heißes Eisen. Ergebnisse des BIBB-Expertenmonitors. http://www.bibb.de/de/21840.htm.

größeren Gruppen – also auch in Betrieben – schlicht nicht möglich ist.

In der zitierten Studie findet sich darüber hinaus auch folgender Passus:

> »Bei der Prozent- und Dreisatzrechnung, der Beherrschung der deutschen Rechtschreibung und der mündlichen Ausdrucksfähigkeit ist sich bereits ein größerer Teil der Fachleute (je nach Aspekt zwischen 25 % und 44 %) nicht mehr sicher, ob diese Dinge wirklich für alle Ausbildungsberufe wichtig sind.«[9]

Diese Feststellung ist hoch interessant, zeigt sie doch im betrieblichen Umfeld eine Tendenz auf, die wir seit Jahren bereits in Schule und Kindergarten beobachten müssen: Die Standards werden abgesenkt, um die Curricula den gesunkenen Leistungsniveaus anzupassen. Auf diese Weise wird die notwendige Diskussion über die Ursachen des sinkenden Niveaus stets unterlassen. Eine halbwegs ordentliche Rechtschreibung sowie die Fähigkeit, sich mündlich mitteilen zu können, *nicht* mehr zu den Kriterien für Ausbildungsreife zu zählen, ist absurd. Beides gehört zu den Grundlagen von Kommunikation, die wiederum die Basis-Voraussetzung für jegliche gelungenen Abläufe in Unternehmen ist. Wenn Kommunikation im Betrieb scheitert, ist automatisch der Erfolg der kompletten Firma in Frage gestellt. Dieser weiterführende Aspekt scheint durch die oben zitierte Feststellung sogar bei Fachleuten aus dem Blick zu geraten.

Dazu ein weiteres Beispiel, das zeigt, wohin mangelnde Kommunikationsfähigkeit führen kann:

---

9. Ehrental, Bettina et al.: Ausbildungsreife … a. a. O.

Sabine ist seit zehn Monaten als Auszubildende in ihrer Firma. Leistungsmäßig tritt sie weder positiv noch negativ besonders in Erscheinung. Von Beginn an waren jedoch ihre zahlreichen Krankmeldungen auffällig. Besser gesagt: ihre häufigen Abwesenheiten wegen Krankheit, denn eine Meldung gab sie in den meisten Fällen entweder gar nicht oder mit deutlicher Verspätung ab. Nachdem dies zum wiederholten Mal vorgekommen war, bat der Chef sie zu einem Gespräch, in dem er ihr eindringlich ins Gewissen redete und zumindest die korrekte Krankmeldung von ihr verlangte. Sabines Reaktion auf dieses Gespräch bestand darin, dass sie sich unverzüglich zum Arzt begab, um dort feststellen zu lassen, dass ihre Beschwerden vom stetigen Mobbing in ihrer Firma herrühren.

Auch heute schon gibt es zahlreiche, sehr begrüßenswerte Bemühungen und Anstrengungen, um die steigende Zahl nicht ausbildungsreifer Jugendlicher in den Arbeitsmarkt zu integrieren. In Projekten dieser Art ist zwar noch kein explizit formulierbares Bewusstsein für die hier beschriebene Problematik der psychischen Reifeverzögerungen vorhanden, doch werden die entsprechenden Symptome schon sehr genau registriert, und das Nachdenken über Hintergründe und Wurzeln der Misere hat begonnen.

Fragt man Ausbildungsbeauftragte in den Betrieben konkret nach den Hinderungsgründen für einen erfolgreichen Berufseinstieg, so werden immer wieder die gleichen Punkte genannt. Dazu gehören neben dem ganz allgemein formulierten Hauptpunkt »nicht vorhandene Ausbildungsreife« im Einzelnen:

– *Unzureichende Sozialkompetenzen*
Hierzu gehört etwa die immer geringer werdende Rücksichtnahme auf Kollegen, der Umgang mit Kunden, das Verhalten gegenüber Mitschülern in der Berufsschule. In all diesen Bereichen nehmen die Defizite seit Jahren zu und machen zum Teil einen geordneten Arbeitsalltag für die ganze Firma zu einem immer schwierigeren Unterfangen.

– *Wenig Motivation und Durchhaltevermögen*
Damit ist beispielsweise die steigende Zahl von Ausbildungsabbrüchen gemeint. Die Leistungsbereitschaft ist oft kaum erkennbar, die geringsten Hürden werden unüberwindbar und die Ziele der Firma interessieren überhaupt nicht.

Zu diesem Punkt gehört auch das Phänomen des Anstiegs von Krankmeldungen. Personalabteilungen vieler Firmen berichten von steigenden Zahlen an jungen Mitarbeitern, die jede kleine Erkältung nutzen, um nicht im Betrieb erscheinen zu müssen. Auffällig ist dabei die Tendenz, dass eine im Grundsatz positive erhöhte Achtsamkeit gegenüber der eigenen Gesundheit hier in Übervorsicht und Unsicherheit gegenüber dem eigenen Befinden umschlägt. Diese Übervorsicht wird heute manchmal bereits im Elternhaus so sehr eingeimpft, dass sie vollständig im Denken der Jugendlichen integriert ist und nicht mehr reflektiert wird. Damit wird wie unter einem Mikroskop die eigene Befindlichkeit seziert, anstatt eine positive Haltung einzunehmen und auf die eigenen Stärken und Widerstandskräfte zu vertrauen.

– *Fehlen der Schlüsselqualifikationen*
Lese- und Rechtschreibschwächen gehören heute schon fast zum Standardbild, das sich in Bewerbungsunterlagen zeigt.

Darin reflektiert sich letztlich ein gesellschaftlicher Trend: »Ein relativer Analphabetismus zieht sich durch fast alle gesellschaftlichen Schichten, bis hinauf in die Welt von Studenten und Managern.«[10] Angesichts der ständig steigenden Anforderungen ist das ein ganz bedenklicher Trend.

- *Kein Gefühl bzw. kein Bewusstsein für die eigenen Fähigkeiten, dadurch Wahl des falschen Berufsbildes*

Ein durchaus wahrnehmbarer Teil von Ausbildungsverhältnissen muss aufgelöst werden, weil sich erst während der Lehre herausstellt, dass die Anforderungen der Stelle überhaupt nicht zu den Fähigkeiten des Azubis passen. In Bewerbungsgesprächen sitzen immer häufiger junge Leute, denen erst schonend beigebracht werden muss, dass weder ihre schulischen Leistungen noch ihr Auftreten sie für den anvisierten Job qualifizieren.

- *Mehr Einflussnahme durch die Eltern, auch dadurch wiederum Wahl des falschen Berufsbildes*

Immer mehr Betriebe müssen sich nicht nur mit der Bewerbung des potenziellen Auszubildenden beschäftigen, sondern gleichzeitig mit den Eltern kommunizieren, die zum Teil komplett für ihre Kinder sprechen. Selbst bei kleineren Problemen während der Ausbildung gehen oft sofort die Eltern in die Konfrontation mit dem Betrieb, statt ihren Kindern die Gelegenheit zu geben, das Problem selbst zu lösen und damit auch zu lernen, sich Herausforderungen zu stellen.

---

10. Pletter, Roman: Ein Land verlernt das Lesen. In: Die ZEIT v. 12.11.2009.

– *Mangelndes Rechts- bzw. Unrechtsbewusstsein*
Diebstahl im Betrieb, Betrug der Firma oder von Kollegen. Selbst solche kriminellen Tatbestände nehmen nach Aussage vieler Betriebsinhaber spürbar zu.

Die Liste ließe sich um den einen oder anderen Punkt erweitern, doch die genannten Defizite sind die Gründe, bei denen man davon ausgehen kann, dass sie sich mittlerweile bei einem nicht mehr länger zu ignorierenden Teil der vor dem Berufsstart stehenden jungen Menschen finden. Als Folge entstehen immer mehr Projekte, die sich zum Ziel gesetzt haben, an dieser Misere etwas zum Positiven zu wenden. Bisher jedoch steckt hinter dieser begrüßenswerten Initiative ein eher diffuses Gefühl dafür, welche Maßnahmen auf welcher Grundlage angebracht sein könnten. Hier kann das Nachvollziehen der auf Beziehungsstörungen basierenden Reifeverzögerungen hilfreich wirken, weil es Argumentations- und Arbeitshilfen bietet, um gezielt anzusetzen.

Ausbilder der Ausbilder

Monika Huber schult und trainiert seit mehr als zehn Jahren Ausbilder in allen Arten von Betrieben. Sie kennt die Entwicklung auf dem Ausbildungsmarkt daher ganz genau. Fragt man Monika Huber nach den Themen Auszubildende, Ausbilder und Ausbildungsreife, merkt man schnell, dass diese Themen ihr sehr am Herzen liegen. Wie durch ein Brennglas fokussieren ihre Beobachtungen genau die Dinge, die viele Verantwortliche in ihren Betrieben spüren, aber vielleicht noch nicht richtig formulieren können oder sich auch nicht trauen, sie auszusprechen.

Dazu ein Beispiel aus dem Alltag eines Elektrobetriebs:

Jörg bricht im dritten Lehrjahr seine Ausbildung zum Elektrotechniker ab. Als der Chef ihn zum Gespräch bittet, um die Hintergründe zu erfahren, lautet seine Hauptbegründung, es sei ihm alles zu schmutzig, er ertrage diesen ganzen Schmutz einfach nicht mehr.

Auch wenn der Chef mit allem Möglichen gerechnet hat, ruft diese Begründung bei ihm eher Verwirrung als ein Gefühl der Aufklärung hervor, sodass er noch einmal nachfragt. Der Schmutz gehöre doch nun mal zum Beruf dazu, und bisher habe ihn das doch auch nicht gestört. Daraufhin präzisiert Jörg seine Begründung, es sei ja auch nicht der Schmutz an sich, der ihn störe, sondern einfach die Summe an Schmutz, die immer wieder vorhanden sei. Nach einigen weiteren Nachfragen wird dem Chef jedoch immer klarer, dass Jörg schlicht und ergreifend die Menge an Arbeit stört. Wenn er einen Tag bei der Installation eines Hauses geholfen hat, so denkt Jörg, müsse er das doch nicht am nächsten Tag schon wieder machen. Das Schmutz-Argument kaschierte diese Arbeitshaltung nur dürftig. Der Chef ist verunsichert: Was kann er tun?

Ausbilder, so sagt Monika Huber, sind häufig noch nicht so weit, die wahre Tragweite der Problematik erkennen zu können. Häufig wird in Gesprächen zwar eingestanden, dass es Schwierigkeiten gibt; Ansätze, wie man sich einer Lösung annähern könnte, werden jedoch nicht entwickelt (oder sogar bewusst verweigert). Natürlich gibt es ihrer Kenntnis nach auch viele Fälle, in denen es mit den Auszubildenden durchaus sehr gut läuft; oft ist es aber eben so, als ob viele Ausbilder gar nicht wahrhaben wollen, was sich vor ihren Augen tagtäglich abspielt. Dafür gibt es nach Meinung von Monika Huber verschiedene Gründe.

Überforderung ist wohl der häufigste Grund. Viele Ausbilder fühlen sich mit den Problemen allein gelassen, haben das Gefühl, sowohl den Ansprüchen der Firma als auch den Erwartungen der Eltern der ihnen anvertrauten Azubis nicht gerecht werden zu können, und entziehen sich dann lieber gleich jeglichem Lösungsansatz.

Möglichkeiten, diese Thematik zu bearbeiten, könnten im Rahmen von Ausbilder-Ausbildungen sowie in Ausbildereignungsprüfungen bzw. Fortbildungen und Seminaren geschaffen werden. Dabei wäre zu überlegen, gerade solche Fortbildungen für Ausbildungsverantwortliche zur Pflicht zu machen, die sich mit der Sozialkompetenz der Azubis befassen; und dazu gehört eben ganz zentral auch das Thema der psychischen Reife.

Im Folgenden noch ein anderes Beispiel aus einem Fleischerbetrieb:

Der Geselle erklärt dem Azubi, wie er die Fleischteile aufzuhängen hat, nämlich so weit wie möglich nach oben, weil dort die Kühlung am besten ist. Dieser führt den Auftrag jedoch genau falsch herum aus und hängt die Fleischteile ganz nach unten. Den Hinweis des Gesellen, das sei nicht richtig, ignoriert er und reagiert stattdessen mit ausschweifenden Erklärungen, warum seiner Meinung nach das Fleisch unten besser gekühlt werde.

Ein anderes Mal kommt ein Mitarbeiter in den Produktionsraum und fragt den Azubi, wo der Chef sei. Antwort: »Keine Ahnung«. Allerdings stand der Chef eine halbe Minute vorher noch direkt vor ihm und verließ den Raum Richtung Kühlhaus, von wo er den Rückweg wiederum ausschließlich durch den Produktionsraum antreten kann.

Auch das Thema Zeit spielt eine große Rolle. Ausbilder müssen Zeit haben, um sich ihren Schützlingen widmen zu können. Wenn alles immer nur »so nebenbei« passieren soll, ist es kein Wunder, wenn sowohl der Verantwortliche als auch der Azubi selbst sich irgendwann konstruktiver Arbeit verweigern. Man kann es letztlich auch als Parallele zur elterlichen Rolle in der Kindererziehung sehen. Hier wie dort entsteht aus mehr Zeit die nötige Ruhe, um Reifeprozesse anzustoßen bzw. in Gang zu halten. Umgekehrt führt fehlende Zeit zu Hektik, Stress und Überforderungserscheinungen bei allen Beteiligten.

Ein wichtiger Punkt, der viele Bemühungen in Ausbildungsverhältnissen torpediert, ist die zuweilen kontraproduktive Zusammenarbeit mit den Eltern der Azubis. Viele Jugendliche wohnen zu Hause, und die Arbeit der Ausbilder steht somit unter ständiger Beobachtung und Beurteilung durch das Elternhaus. Da die Ursache für Reifeverzögerungen zumeist seinen Ursprung in einer unbewussten Beziehungsstörung zu den Eltern hat, kommt es oft zu Missverständnissen und Konflikten mit dem Betrieb, wenn dort versucht wird, methodisch anders vorzugehen, als die Eltern es erwarten und gutheißen. Das sinnvolle Verhalten für Eltern kann nur darin bestehen zu lernen, sich mehr aus den Konflikten herauszuhalten und eben nicht die Probleme für ihre Kinder lösen zu wollen. Mögliche Erfolge der Arbeit von Ausbildern werden nämlich auf diese Weise oft im Keim erstickt, und schließlich gibt der Verantwortliche im Betrieb auf und schiebt lieber Dienst nach Vorschrift bzw. nach Erwartung von außen.

Das führt dann auch dazu, dass Anleitung, Struktur und enge Führung der Azubis gar kein Thema mehr sind. Viele Firmen, so erfährt es auch Monika Huber immer wieder, versuchen, ihre jungen Mitarbeiter möglichst pädagogisch wertvoll zu behandeln. Da heißt die Maxime: »Bloß kein böses oder falsches Wort zu viel!«

In dieser Haltung äußert sich aber auch eine Reaktion auf das Gefühl, immer häufiger im Betrieb das nachholen zu müssen, was die heimische Erziehung versäumt hat. Es ist im Grunde die gleiche Problematik, die bei Lehrern oft auftritt, wenn sie immer weniger zu fachlichem Unterricht kommen, weil die Verhaltensdefizite der vor ihnen sitzenden Schüler diesen gar nicht erst zulassen. Es könnte an dieser Stelle sowohl bei Lehrern als auch bei Ausbildern viel gewonnen sein, wenn klar wird, dass es sich nicht um elterliche Erziehungsprobleme handelt, sondern darum, dass diese jungen Menschen nicht entwickelt sind und der Nachreifung bedürfen.

Häufig wird kritisiert, dass Selbstbild und Fremdbild bei heutigen Bewerbern, Azubis und sonstigen Einsteigern meilenweit auseinanderklaffen. Während Kollegen von der völlig überzogenen Selbsteinschätzung des Neuen schon genervt sind, hält dieser (und seine Eltern vermutlich auch) das noch für Motivation und Selbstbewusstsein; während der Chef über halb ausgeführte Arbeitsaufträge stöhnt, glaubt der Azubi, alles zur vollen Zufriedenheit erledigt zu haben, und findet oft, er hat dafür auch ein Lob verdient.

Das ist im Übrigen ein Kritikpunkt, der in fast allen Gesprächen auftaucht, die wir geführt haben, und den auch

Monika Huber immer wieder hört: eine falsche Selbsteinschätzung, die zielführendes Arbeiten und auch das Annehmen von Kritik bei den jungen Leuten verhindert. Nötig wäre eigentlich schon vor der Formulierung des ersten Satzes einer Bewerbung die Überlegung: Was kann ich, was will ich, habe ich überhaupt die Voraussetzungen für den Beruf, für den ich mich bewerben will, bzw. fühle ich mich in der Lage, diese kurzfristig zu erwerben?

Diese eigentlich ganz normalen Überlegungen entfallen heute oftmals, da die Bewerber sich omnipotent fühlen, wie es der psychischen Entwicklungsstufe der Allmachtsphase, die ein Kind mit etwa vier bis fünf Jahren durchläuft, entspricht. Für die Ausbilder in den Firmen ist das demotivierend, wenn sie merken, dass wieder einmal jemand vor ihnen steht, der zwar sichtlich nicht weiß, worum es geht, aber gleich mal allen sagt, wo es langgeht. Auf die Dauer sinkt dadurch auch die Bereitschaft der Kollegen, sich für die Ausbildung bzw. für Auszubildende zu engagieren.

Letztlich, so auch das Fazit von Monika Huber, herrscht bei den Ausbildungsverantwortlichen großer Frust, weil sie viele Defizite bemerken, aber keine Handreichung zum Umgang damit bekommen. Sie spüren, dass etwas im Argen liegt, mühen sich allenfalls pädagogisch ab, sehen aber keine oder zu kleine Erfolge und fragen sich dann, woran es liegt. Wenn diese Entwicklung so weitergeht, werden immer weniger fähige Mitarbeiter überhaupt noch bereit sein, sich auf die Verantwortung als Ausbilder einzulassen, was die Situation weiter verschärfen könnte.

Bewerbungen

Aller Anfang ist schwer. Der erste Schritt ins Berufsleben ist in der Regel die Bewerbung um einen Ausbildungsplatz, eine Traineestelle oder auch um ein Praktikum.

Hatten Personaler früher hauptsächlich mit der Nervosität von Bewerbern zu tun, sieht deren Auftreten heute häufig ganz anders aus, wie die Inhaberin eines Restaurants erzählt:

> »Was mich bei Vorstellungsgesprächen immer wieder erschreckt, ist die Tatsache, wie sich junge Leute bei mir bewerben: zum Teil Kaugummi kauend, in bauchfreien T-shirts oder in Freizeit-Kleidung, Hände in den Taschen, schmutzige Fingernägel, dreckige Schuhe, Make-Up wie für die samstägliche Disco-Nacht.«

Da gibt es den Bewerber, der auf die Frage, was er in seiner Freizeit gerne mache, unumwunden zugibt, am liebsten »abhängen«, »gar nichts machen« und »vor allem nichts Sinnvolles tun«. Oder den, der erklären soll, warum er ausgerechnet in den Fächern, die er selbst als seine Lieblingsfächer bezeichnet, so schlechte Noten hat. Die Reaktion ist allenfalls Verständnislosigkeit und die Auskunft, man könne doch sehr wohl schlechte Noten haben, auch wenn man diese Fächer gerne mache.

Beispiele dieser Art kennt in der Regel jeder Personalverantwortliche in Hülle und Fülle, egal, ob es sich um einen kleinen Betrieb mit ein paar Mitarbeitern handelt oder um ein großes Unternehmen mit vielen Abteilungen und Hunderten oder gar Tausenden Beschäftigten.

So erzählt die Personalchefin eines mittelständischen Handwerksbetriebs:

> »Bei der Auswahl potenzieller Auszubildender fällt uns in den letzten Jahren immer mehr auf, dass den Bewerbungsunterlagen seitens der Bewerber zunehmend Beachtung geschenkt wird. Sie sind zwar alle per PC erstellt, und es scheut auch keiner die Kosten für eine aufwändige Bewerbungsmappe, doch der Inhalt, vor allem in Bezug auf Rechtschreibung, Formulierung und Zusammenstellung der Unterlagen, lässt sehr zu wünschen übrig. Nun ist es in einem Handwerksbetrieb nicht ganz so entscheidend, die Rechtschreibung perfekt zu beherrschen; dennoch zeigt es uns immer wieder, wie unwichtig dieser Generation ihr Erscheinungsbild und Auftreten nach außen zu sein scheint. Es gibt sicherlich immer in Bekanntenkreis und Familie eine Person, die in der Lage wäre, Korrektur zu lesen, doch da wird offensichtlich nie jemand gefragt. Bewerbungen, die in der Begrüßung einen falschen Namen stehen haben oder, noch schlimmer, im Adressfeld die Firma eines anderen Unternehmens, sind keine Seltenheit. Dies ist ein eindeutiges Zeichen für uns, dass zwar vordergründig eine Ausbildungsstelle gesucht wird, der Bewerber aber kein wirkliches Interesse daran hat, diese Stelle auch zu bekommen.«

Letztlich weiß man nicht, ob es hier wirklich an Interesse fehlt, oder ob es um mangelnde Reflexionsfähigkeit geht, die eigene Wirkung einzuschätzen und ein Gefühl für die Einschätzung des Gegenübers zu entwickeln; vielleicht liegt es auch schlicht an mangelnder Konzentrationsfähigkeit. All dies sind aber die Ergebnisse fehlender psychischer Reife.

Die Beispielschilderung stammt aus einer Firma, die sehr wohl in den letzten Jahren sehr gute Auszubildende hervorgebracht hat, die sogar unter den Jahrgangsbesten bei der Abschlussprüfung zu finden waren. Viele ihrer Azubis sind beliebt bei den Kollegen, zeigen Motivation und Einsatzbereitschaft im Betrieb und geben keinen Anlass zur Klage. Das ist einerseits sicherlich ein Anzeichen dafür, dass die beschriebenen Probleme nicht am Betrieb selbst liegen, und andererseits ein Hoffnung machender Anhaltspunkt dafür, dass derzeit jedem nicht ausbildungsreifen jungen Menschen immer noch mehrere fitte und patente Berufseinsteiger gegenüberstehen.

Gleichwohl hat die aktuelle Situation in der betreffenden Firma tatsächlich zur Folge, dass in diesem Jahr erstmals kein Lehrling eingestellt werden konnte, nachdem von 20 Bewerbern nur drei in die engere Auswahl kamen, die sich dann während eines zweiwöchigen Praktikums als ungeeignet erwiesen.

Es offenbart sich in immer größerem Ausmaß, dass vielen Bewerbern nicht klar ist, dass sie mit der Bewerbung, sowohl in schriftlicher Form als auch im Gespräch, ihre erste und wichtigste Visitenkarte in einem Betrieb hinterlassen, in dem sie voraussichtlich zumindest für die nächsten zwei bis drei Jahre einen Großteil ihrer Zeit verbringen werden.

Das Zauberwort dabei heißt *Angemessenheit.* Angemessenheit des Auftretens in jeglicher Hinsicht. Es fängt bei der Kleidung an. Das bauchnabelfreie Top aus der Wochenend-Discogarderobe ist genauso unpassend wie der schlecht sitzende Anzug mit Konfirmationsanmutung, in den Mama ihren Sohn gequält hat.

In vielen Fällen fehlt das Gefühl dafür, wie einem anderen Menschen gegenüber aufgetreten wird, wie die eigene Wirkung auf diesen ausfällt. Das ist nicht verwunderlich, wenn man sich klarmacht, dass auch solch ein Auftritt eine psychische Reife voraussetzt. Wenn psychisch nicht angelegt ist, dass andere Menschen als »wichtig« wahrgenommen werden (weil sie beispielsweise über den weiteren Lebensweg des Bewerbers mitentscheiden), besteht natürlich auch keine Einsicht in die Notwendigkeit, sich dieser Wichtigkeit entsprechend zu verhalten und zu präsentieren. So etwas wie eine Wahrnehmung der eigenen Person durch die Außenperspektive erfolgt so gut wie gar nicht. Die Fähigkeit, die eigene Wirkung abzuschätzen, ist nicht vorhanden, was angemessenes Verhalten zum Glücksspiel werden lässt.

Für denjenigen, der von Firmenseite aus das Bewerbungsgespräch führt, ist kaum zu entscheiden: Hat man hier jemanden vor sich, der auch später im Alltag unangemessen auftreten wird? Oder lohnt sich ein zweiter Blick – und die Frage der Angemessenheit der Kleidung kann »nachgearbeitet« werden?

Auf jeden Fall ist die Frage der Angemessenheit der Kleidung keine zweitrangige, wie man eventuell meinen könnte. Wer in der Lage ist, seine Kleidung einigermaßen dem Anlass entsprechend zu wählen, dürfte auch weniger Schwierigkeiten haben, diese Angemessenheit in anderen Situationen zu gewährleisten, etwa bei späteren Kontakten mit wichtigen Kunden der Firma.

Darüber hinaus zeugt das Auftreten beim Bewerbungsgespräch davon, inwiefern der Bewerber sich vorher mit dem Ausbildungsberuf auseinandergesetzt hat. Niemand verlangt von dem Schüler, der vor dem Personalchef oder dem Firmeninhaber sitzt, dass er die Firmengeschichte auswendig gelernt hat. Aber die Anzahl der Fälle, in denen kaum der Name der Firma gewusst wird und schon gar nichts über deren Produkt oder Dienstleistung, hat stark zugenommen.

Firmen dürfen ein gewisses Maß der Vorbereitung erwarten, wenn sie dem potenziellen Neuzugang ihre Arbeitszeit und Aufmerksamkeit widmen. Zu erkennen, dass auch der Personalchef sich der Fremdbestimmung beugt, wenn er, trotz dringender anderer Aufgaben, in Ruhe ein Bewerbungsgespräch führt, wäre ein Zeichen psychischer Reife. Die Gegenseitigkeit der Situation würde anerkannt und die eigene Verhaltensweise darauf abgestimmt. Davon profitieren letztlich beide Seiten und können dies im Idealfall einer erfolgreichen Bewerbung auch künftig tun.

Fehlendes Interesse an der Firma ist nicht vernachlässigenswert, sondern zeugt von mangelndem Respekt. War schon die unangemessene Kleidung neben anderen Dingen auch ein Anzeichen von Respektlosigkeit, so gilt das vor allem für die Unverfrorenheit, seinem Gegenüber Arbeitszeit zu nehmen, ohne selbst das Mindeste zu geben, was von einem Bewerber erwartet werden kann: Interesse und Aufmerksamkeit. Einmal mehr vermittelt der potenzielle Neuzugang mit einem solchen Verhalten dem Personalverantwortlichen, dem er gegenübertritt, dass er nur um sich selbst kreist. Das hat natürlich zur Folge, dass der Personaler vermuten muss, dass dieses Verhalten auch später in beruflichen Zusammenhängen dominieren wird und die Zusammenarbeit mit Kollegen darunter leidet. Es ist in Gesprächen mit Personalleitern von Unternehmen jeglicher Größe eine immer häufiger auftretende Feststellung, dass diese Fähigkeit zur Perspektivübernahme abhandengekommen scheint und es den Bewerbern nur um ihr eigenes Wohlergehen geht, die Belange der Firma oder die anderer Personen aber kaum eine Rolle spielen.

Kapitel 4

Was dahinter steckt – Wieso junge Erwachsene sich wie Kleinkinder verhalten

Nachdem er während eines Praktikums den Eindruck erweckt hatte, die Anforderungen erfüllen zu können, begann Torben eine Lehre in einem mittelständischen Bauunternehmen. Schon kurze Zeit nach Beginn der Ausbildung häuften sich die Mitteilungen des Berufskollegs, dass Torben nicht zum Unterricht erschienen sei, und auch die Fehlzeiten im Betrieb nahmen zu. Den Arzt suchte Torben dabei grundsätzlich frühestens einen Tag nach Beginn der Abwesenheit auf; die Krankmeldung dann auch beim Arbeitgeber abzugeben, bedurfte jedes Mal einer gesonderten Aufforderung.

Erschien er zur Arbeit, war damit jedoch auch längst nicht alles gut. Von seiner Angewohnheit, während der Arbeitszeit auf der Baustelle Musik auf seinem MP3-Player zu hören, rückt er auch nach mehrmaligen Aufforderungen seines Vorgesetzten nicht ab. Die Ausführung der ihm aufgetragenen Arbeiten machte er meist von seiner Laune abhängig (die häufig bei der Arbeit eher schlecht war).

Es wunderte schließlich auch niemanden mehr, dass er seinem Berichtsheft während der kompletten Ausbildung keinerlei Beachtung schenkte und dies erst nach mehreren Hinweisen, er werde sonst nicht zur Prüfung zugelassen, mehr schlecht als recht ausfüllte. Immerhin bestand Torben, wenn auch mit schlechtem Ergebnis, die Abschlussprüfung. Dass er von seinem Ausbildungsbetrieb nicht übernommen wurde, kam für ihn trotz allem einer großen Überraschung gleich.

Der junge Mann, der während des Bewerbungsgesprächs für das Praktikum mit dem Handy spielt, der Azubi, der die Möbel nicht abdeckt: Sie alle verhalten sich zum Teil in solchen Situationen, wie man es eher von Kindern im Alter von fünf oder sechs Jahren erwarten würde. Wer sie im privaten Bereich erlebt, wird dort ähnliche Verhaltensweisen in anderen Situationen beobachten. So wird zum Beispiel Fremdbestimmung nicht akzeptiert, kaum einmal wird das eigene Benehmen hinterfragt oder gar als verbesserungsbedürftig erkannt.

Warum ist das so? Erst die Hypothese, dass die Beziehungsstörungen der Partnerschaftlichkeit, der Projektion und der Symbiose den Hintergrund für dieses Phänomen bilden, kann auf die richtige Spur führen. Junge Erwachsene mit solchen Problemen im Umgang mit anderen Menschen waren vor nicht allzu langer Zeit Kinder, und wenn sie heute um die 20 Jahre alt sind, hat ihre Kindheit in den letzten zehn Jahren des 20. und den ersten zehn Jahren des 21. Jahrhunderts stattgefunden. Also eben in jener Zeit, die für die Herausbildung der genannten Störungen als entscheidend angesehen werden muss.

Es ist die Zeit, in der die bereits erwähnte Beschleunigung des menschlichen Alltagslebens in neue Dimensionen vorrückt. Ruhe und Entspannung werden langsam aber sicher zu Fremdwörtern. Wer abends von der Arbeit nach Hause kommt, legt nicht mehr die Füße hoch und ruht sich, auf welche Art und Weise auch immer, aus. Er entkommt vielmehr kaum noch dem Gefühl, den Abend »nutzen« zu müssen, weiter Aktivität zu zeigen, auszugehen, Sport zu treiben, weiterzuarbeiten, Hauptsache irgendetwas zu tun. Nicht, dass es generell falsch wäre, eines dieser Dingen zu tun, wenn man es wirklich möchte. Hier geht es um das Phänomen, dass mit diesem unentwegten Tatendrang, dem unbewussten Zwang, immer irgendetwas machen zu müssen, die Leere gefüllt wird, die der – vor allem mediale – Dauerbeschuss von außen geschaffen hat.

Zu der Zeit, als dieser Text entsteht, geht beispielsweise angeblich das Schweinegrippevirus in Deutschland um. So absurd das Beispiel auf den ersten Blick erscheint, so genau zeigt sich an ihm das Gefühl, das im Winter 2009/2010 die Bevölkerung erfasst hat. Hinter jeder Ecke scheint das Virus zu lauern und den Menschen anzufallen. Hinzu kommt, dass die Verwirrung um Notwendigkeit, Wirkung und Gefahren einer Impfung gegen die Krankheit mit jedem Tag und jeder Medienmeldung größer wird.

Ein einzelnes Thema ist bereits geeignet, riesige Verunsicherung auszulösen, aber erst die Kombination mit vielen anderen Angst machenden Themen in den Medien ist es, die dann verhängnisvoll auf die Psyche der Erwachsenen wirkt. Jeder kämpft mit sich selbst, jeder versucht, den Überblick zu behalten, es fehlt an Zeit für Zwischenmenschlichkeit und einem Blick für die Bedürfnisse von anderen. Die positive Bestätigung durch andere Menschen, die wir alle bisweilen brauchen, nimmt immer mehr ab. Kompensation muss also her, und hier bietet sich das Kind an.

Wie diese Kompensation über das eigene Kind konkret aussieht, war Gegenstand der Analyse der ersten beiden Winterhoff-Bücher. Zusammenfassend folgen an dieser Stelle noch einmal ein paar konkrete Hinweise, damit die Ausführungen im Weiteren verständlich bleiben.

Anfang der 90er-Jahre entwickelt sich zunächst eine stringent partnerschaftliche Sicht kleiner Kinder. Es kommt die

Vorstellung auf, schon Fünfjährige könnten ausschließlich über Erklären und Verstehen erzogen werden. Vorgaben durch Eltern, Lehrer oder Erzieherinnen werden als unzulässige Einschränkung der persönlichen Freiheit des Kindes empfunden und als autoritäre Erziehung oder schwarze Pädagogik gebrandmarkt. Entwicklungspsychologische Erkenntnisse werden dabei komplett außen vorgelassen, maßgeblich für den Umgang mit Kindern ist die ideologische Weltsicht der Erwachsenen, die vornehmlich Ende der 60er-Jahre eben jene Freiheit erkämpft hatten, die sie nun ihren Kindern zugute kommen lassen wollen.

Kinder werden schon mit dieser Haltung ihnen gegenüber nicht mehr als Kinder gesehen, da der Begriff »Kind« für die Erwachsenen etwas Minderwertiges zu implizieren scheint. »Kind« steht plötzlich für »klein und dumm« und ist damit verpönt. Kinder werden stattdessen als kleine Erwachsene wahrgenommen, auf Augenhöhe behandelt und in jeder Hinsicht mit allen Problemfeldern der Erwachsenenwelt konfrontiert.

Der geschützte Raum, den Kindheit gerade in frühen Jahren darstellen muss, wird mit dieser Haltung eingerissen, falsch verstandene Partnerschaftlichkeit setzt Kinder früh allem Unbill dieser Welt aus. Das Fatale daran ist immer auch, dass ja eigentlich genau das Gegenteil bezweckt wurde. Der partnerschaftliche Umgang sollte bei seinem Aufkommen Anfang der 90er-Jahre das Kind vor der Angst bewahren, die viele Eltern aus ihrer eigenen Kindheit in den 60er-Jahren noch kannten. Nicht wenige waren in einer Atmosphäre aufgewachsen, in der Schläge zu den probaten Erziehungsmitteln zählten und eine öffentliche Ohrfeige kaum Aufmerksamkeit und Kritik verursachte. Mit dem Übergang zu einem partnerschaftlichen Erziehungsstil war damals eine Aufwertung der Kinder beabsichtigt, die, wie man heute feststellen muss, letztendlich im Extremfall zur Abschaffung von Kindheit geführt hat.

Dabei muss stets betont werden, dass es sich natürlich nicht um eine bewusste, absichtliche Entwertung der Kindheit handelt, sondern dass diese Erwachsenen durch äußere Umstände in eine Sichtweise, fachlich gesprochen in ein Konzept von Kindheit geraten sind, in dem die langsame, aber stetige Entwicklung von Kindern aus dem Blick gerät.

Als Mitte der 90er-Jahre mit dem PC die elektronische Dauerbeschallung endgültig in eine Vielzahl von Haushalten einzieht, wird die Lage für die Erwachsenen noch kritischer. Technisch werden sie immer mehr gefordert, ein riesiger Zeitfresser ist der Kasten auch ohne Internetanschluss bereits; trotz scheinbar vielfacher Arbeitserleichterungen wird es nicht einfacher.

Dazu kommt die politisch-gesellschaftliche Situation, die sich mit den Umwälzungen seit dem Fall der Mauer auf eine Art und Weise geändert hat, die jede ideologische Sicherheit von heute auf morgen vernichtet zu haben scheint. Sowohl im Osten als auch im Westen bringt die neue Lage vor allem auch viel Ungewissheit mit sich; die Lebensunterhaltskosten steigen, Arbeitslosigkeit droht in erhöhtem Maße, die vorher klar strukturierten politischen Rahmenbedingungen geraten ins Wanken.

Diese Feststellungen sind keinesfalls wertend gemeint, sie versuchen lediglich, in wenigen Worten zu beschreiben, was auf die Psyche erwachsener Menschen an zunehmenden Belastungen einstürmt. Es geht auch nicht, wie mancherorts kritisiert wird, ums Jammern, dass alles schlechter werde.

Allerdings drängt sich mit der zunehmenden Informationsflut so manchem der Eindruck auf, alles werde schlimmer und schlechter, was wiederum dazu führt, dass selbst der relativ im Wohlstand und in Sicherheit lebende Mensch sich fühlt, als stünde er kurz vor der ultimativen Katastrophe.

Aufgrund der Dynamik einer modernen Informationsgesellschaft wird dieses Katastrophengefühl schnell zu einem Massenphänomen. Viele Erwachsene kämpfen vor allem darum, am Ball zu bleiben, immer zeitnah informiert zu sein, nicht den Anschluss zu verlieren. Soziale Strukturen, in denen Zeit und Ruhe bleibt, sich um den anderen zu kümmern, ihm Sicherheit zu vermitteln, leiden darunter. Der Mensch fühlt sich von außen regelrecht im Innersten bedrängt.

Wer in dieser Situation Kinder erzieht, ist in Gefahr, unbewusst sich vom Kind das zu holen, was ihm fehlt, nämlich Orientierung und Anerkennung (Liebe); der Elternteil stellt vor allem kein für die Entwicklung des Kindes notwendiges Gegenüber mehr dar. Ein intuitives, auf das Kind bezogenes Handeln ist nicht mehr möglich. Das Kind erhält keine Struktur, erhält keinen Halt mehr, sondern bekommt vielmehr vermittelt, dass es mit seinem Willen fast immer durchkommt und das menschliche Gegenüber permanent steuerbar ist.

Diese Machtumkehr im Verhältnis von Eltern und Kind steht hinter dem Begriff der Projektion. Der erwachsene Mensch kompensiert sein Anerkennungsdefizit unbewusst über sein Kind und verhindert damit dessen altersgerechte psychische Weiterentwicklung. Diesen Kindern fehlt später ganz entscheidend die Fähigkeit, mit Frustrationen umzugehen, sie akzeptieren nur sehr schwer Bedürfnisse und ge-

gebenenfalls auch Anweisungen anderer Menschen. Das macht es dann gerade auch in späteren Arbeitsverhältnissen so unheimlich schwer für sie.

Kinder, die in partnerschaftlichen Verhältnissen oder im Rahmen der Projektion aufgewachsen sind, wissen indes immer noch um die Existenz anderer Menschen, auch wenn es ihnen bisweilen schwerfällt, diese als auf sie einwirkend zu akzeptieren. Das ist bei Menschen, die als Kind in einer symbiotischen Beziehung zu den Eltern aufgewachsen sind, nicht mehr automatisch der Fall.

Symbiose bedeutet, dass Eltern überhaupt nicht mehr zwischen sich und dem Kind trennen. Dieses wird psychisch wie ein eigener Körperteil erlebt. Für den erwachsen gewordenen Menschen hat das immerwährende Schwierigkeiten zur Folge, einen anderen Menschen überhaupt als solchen zu erkennen. In der psychischen Verarbeitung bleibt ein solch anderer Mensch ein Gegenstand, ganz so, wie es bei Kindern im Alter zwischen einem und zwei Jahren ganz normal ist, die beginnen, ihre Umwelt zu testen. Die Erfahrung, dass ein Mensch sich nicht schieben lässt wie ein Stuhl, können in Symbiose aufwachsende Kinder nicht machen, weil ihre Eltern es unbewusst gar nicht erst zulassen.

Die Erscheinungsformen symbiotischer Beziehungsstörungen sind uns in den vergangenen Jahren häufig medial vermittelt worden, wenn die Spitze des Eisberges es mal wieder in die Nachrichten geschafft hat. So mussten wir von den Mördern des Münchner Geschäftsmannes Dominik Brunner lesen, oder auch an anderer Stelle von den Schweizer Schülern, die ebenfalls in München unvermittelt einen ihnen völlig unbekannten Mann angriffen und schwer verletzten. Im letzten Fall fehlt sogar jegliche Provokation oder Konfrontation, die Schüler haben nach Erkenntnissen der Polizei vorher beim Bier zusammengesessen und sich auf eine solche Tat geeinigt. Die Wahl des Opfers war purer Zufall, es hätte ohne Ausnahme jeden treffen können.

Dieser Tatsache fiel beispielsweise auch eine 26-jährige Frau zum Opfer, die im April 2009 ohne jeden nachvollziehbaren Grund und mit äußerster Brutalität von zwei Jugendlichen umgebracht wurde. In Presseberichten zum Fall wurde immer wieder von der Ratlosigkeit von Justiz und Polizei berichtet, die kaum vergleichbare Fälle aus der Vergangenheit heranziehen konnten, um die Motivation der Täter einzuschätzen. Auch in diesem Fall wurde die Tat vorher emotionslos geplant und trotz diverser Mitwisser dann auch eiskalt ausgeführt.

Die Tatsache, dass hier ohne Grenze, ohne Mitgefühl auf andere Menschen eingeschlagen wird, lässt sich nur so erklären, dass dieses Mensch-Sein des anderen im Moment der Tat (und auch bei der vorherigen Planung) gar keine Rolle spielt bzw. gar nicht erkannt werden kann. Der Mensch, der da getreten, geschlagen und in manchen Fällen gar getötet wird, ist in der psychischen Verarbeitung überhaupt kein Mensch. Er ist ein Gegenstand, ein beliebiges Etwas, das man einfach so kaputt machen kann. Daran ändern, so schwer diese Vorstellung für uns alle zu ertragen ist, auch Schmerzensschreie und Bitten um Gnade nichts, da diese nicht bis ins zerebrale Handlungszentrum der Täter vordringen können.

Die Unterteilung in diese drei Beziehungsstörungen, Partnerschaftlichkeit, Projektion, Symbiose und die komplett unterschiedlichen Konzepte vom Kind, aus denen sie resultieren, machen die Phänomene, mit denen zuerst Kindergarten und Schule und anschließend Betriebe konfrontiert werden, konkret fassbar. Nicht jedes Problem kann damit umfassend erklärt werden, aber ein großer Teil immer in der gleichen Form wiederkehrender Auffälligkeiten bei jungen Menschen lässt sich damit schlüssig interpretieren und entsprechend angehen.

Natürlich ist es notwendig, auf allen Ebenen zu reagieren. Konzepte in Kindergarten und Schule gehören genauso auf den Prüfstand wie der Umgang mit neuen jungen Mitarbeitern in Firmen und Betrieben. Das kann indes erst wirklich greifen, wenn zunächst die Hintergründe verstanden wurden und man sich dann mit den Erscheinungsweisen im Alltag auseinandersetzt. Es besteht genauso die Gefahr einer Überinterpretation von Phänomenen wie die einer Missachtung allzu offensichtlicher Merkmale einer Beziehungsstörung. Denn nicht jedes Fehlverhalten, egal, ob bei Kindern oder bei jungen Erwachsenen, resultiert gleich aus psychischen Defiziten. Sobald jedoch eine Regelmäßigkeit von Fehlverhalten beobachtet wird, ist es legitim, die Gedanken in diese Richtung zu lenken.

Es ist eine Schwierigkeit unserer »verkopften« Gesellschaft, dass der intuitive Umgang mit dem Verhalten anderer Menschen größtenteils verloren gegangen ist. Für Eltern ist der Umgang mit den Kindern immer dann am einfachsten, wenn sie es schaffen, auf ihre Intuition, das viel zitierte Bauchgefühl, zu vertrauen und sich dementsprechend zu verhalten. Das schließt zwar keine Erziehungsfehler aus (die macht jeder Vater und jede Mutter), verhindert jedoch in der Regel jene Verkrampfung, die den Nährboden für schädliches Beziehungsverhalten bereitet.

Wer sein Kind mal in Ruhe mit einfachen Anweisungen zu etwas anleitet, tut ihm einen größeren Gefallen, als jede einzelne Entscheidung zu rechtfertigen und mit ausschweifenden Erklärungen zu hinterlegen. Intuitiv weiß das eigentlich jeder, wenn man jedoch in einem Konzept vom Kind als Partner lebt, geht dieses »Bauchwissen« leicht verloren. Es geht dann auch gar nicht mehr um Erziehungsfehler, sondern um eine falsch gelagerte Beziehung zum Kind.

Die oben genannten, sich häufenden Gründe für Schwierigkeiten beim Berufseinstieg sind auf einleuchtende Weise mit den Auswirkungen solcher Beziehungsstörungen im Erwachsenenalter in Einklang zu bringen. Nehmen wir als Beispiel das fehlende realistische Einschätzen der eigenen Fähigkeiten. War bisher rätselhaft, warum Jugendliche so vollkommen am Ziel vorbeischießen, wenn sie sich selbst einschätzen und eine realistische Berufswahl treffen sollen, so ist das vor dem Hintergrund fehlender Reifeentwicklung ganz logisch. Die Fehleinschätzung kann dabei in beide Richtungen gehen: ein mangelndes oder umgekehrt ein völlig übersteigertes Selbstbewusstsein.

Kleinkinder sind im Alter von vier und fünf Jahren in der magischen Phase. Sie imaginieren sich die Welt, so wie sie sein sollte, und nicht so, wie sie real ist. Aufgabe von Eltern und Kindergartenpersonal ist es in dieser Zeit unter anderem, die Kinder immer wieder zu spiegeln, d. h. ihnen liebevoll und angemessen ein Gegenüber zu sein und damit das Gespür zu geben, dass die »Welt« doch anders ist und eine Aktion zu einer Reaktion führt.

Kinder merken dann nach und nach, dass sie als soziales Wesen innerhalb der Gemeinschaft existieren, dass sie nicht die alleinigen Bestimmer sind und die Welt anders ist als in ihrer Vorstellung. Diese Phase ist in der Regel mit dem Eintritt in die Grundschule abgeschlossen, denn ab dann sind sie normalerweise in der Lage, sich auf den Lehrer und auch auf die Mitschüler einzustellen, also beispielsweise Arbeitsanweisungen für den Lehrer auszuführen und die Bedürfnisse von Mitschülern zu erkennen. Sie sind zunehmend in der Lage, in Konflikten ihre eigenen Anteile wahrzunehmen; eine entscheidende Voraussetzung, um die Reaktion des Lehrers auf ein Fehlverhalten zu verstehen und zu akzeptieren.

Im Rahmen einer partnerschaftlichen Beziehung zu kleinen Kindern wird diese Spiegelung häufig nicht geleistet, im Rahmen der Projektion fehlt sie meist ganz. Stark partnerschaftlich orientierte Eltern empfinden die notwendige Spiegelung dann als ungerechtes Eingrenzen des Kindes und als Behinderung seiner freien Entfaltung. Sie hoffen eher, dass das Kind bei Fehlverhalten durch neutrales Erklären des Sachverhaltes eine eigenständige Fehlereinsicht entwickelt und diese auch dauerhaft speichert. Dass dies entwicklungspsychologisch in diesem Alter noch gar nicht möglich ist, ist dabei nicht klar. Der Wegfall intuitiven Verhaltens geht hier eine unheilvolle Gemeinschaft mit fehlendem Wissen über Entwicklungspsychologie ein.

Anders verhält es sich bei der Projektion. Hier wird dem natürlichen Impuls, das Kind einzugrenzen, nicht gefolgt, weil die Befürchtung, sich den Unmut des Kindes zuzuziehen, viel zu groß ist. Das Kind erlebt, dass es sich häufig durchsetzen und den Erwachsenen bestimmen kann.

Es erhält folglich durch das eine wie das andere Verhalten gar nicht die Chance, ein echtes Gespür für den äußeren Rahmen seines individuellen Tuns zu entwickeln. Das Tragische dabei ist, dass die Problematik bei kleinen Kindern zunächst noch gar nicht so extrem auffällt. Man hofft einerseits, dass sich bestimmte Verhaltensweisen einfach irgendwann von alleine auswachsen werden, und tut es andererseits mit dem Argument: »Es sind ja noch Kinder« ab.

Umso stärker ist dann später die Verwunderung, wenn solche Handlungsweisen bei Jugendlichen auftreten, und umso schwieriger die gedankliche Verbindung zu frühkindlichen Entwicklungsphasen. Doch genau diese ist notwendig. Die bisweilen bittere Erkenntnis, psychisch gesehen ein Kleinkind vor sich zu haben, wenn der 17-jährige Realschüler mit einer jahrelangen mangelhaften Benotung in Mathe unbedingt Bankkaufmann werden will, muss sich erst einmal durchsetzen.

Dabei geht es gar nicht darum, dass am Ende der Schullaufbahn für viele Schüler noch nicht ganz klar ist, welche berufliche Richtung sie einschlagen wollen. Diese Unsicherheit ist normal und gehört zur Jugend. Manche psychisch unreifen jungen Leute zeigen im Gegenteil eine scheinbar recht große Entscheidungssicherheit, einen ganz bestimmten Beruf ergreifen zu wollen. Nur liegt dieser Entscheidung eben häufig keine realistische Einschätzung zugrunde, weil die dazu notwendige Kompetenz durch die Fixierung in der frühkindlichen Allmachtsphase gar nicht ausreichend gebildet wurde. Die vorübergehende Unsicherheit der anderen zeugt da schon eher von der entsprechenden Reife, sind sie doch in der Lage, ihre eigenen Fähigkeiten kritisch zu hinterfragen. Diese Jugendlichen sind aber dann auch erreichbar für Beratung und Unterstützung bei der Berufswahl.

Das gilt eindeutig nicht für jene Gruppe, die gar nichts zu wollen scheint und bei der von Betrieben fehlende Motivation beklagt wird. Hier bietet die Hypothese, es mit frühkindlich fixierten Jugendlichen zu tun zu haben, einen ebenfalls probaten Erklärungsansatz. Diese potenziellen Berufseinsteiger können mit ihrer reinen Lustorientierung und ihren Schwierigkeiten, sich an äußere Umstände anzupassen, kaum die Motivation aufbringen, sich für einen gelungenen Jobeinstieg zu engagieren.

Ähnlich sieht es beim erwähnten Thema Rechts- bzw. Unrechtsbewusstsein aus. Diese wichtige psychische Funktion entwickelt sich nur richtig, wenn es dem Kind ermöglicht wurde, dieses Bewusstsein in entsprechenden Situationen zu erleben. Das Kind muss also, wiederum durch Spiegelung, regelmäßig eine Orientierung bekommen, wann es im Recht ist und wann im Unrecht. Wird diese Orientierung vermittelt, entwickelt sich mit der Zeit ein Rechtsempfinden und das Kind wird fähig, in kritischen Situationen um sein Recht zu kämpfen, ohne als notorischer Besserwisser zu erscheinen. Nur wer Recht und Unrecht überhaupt auseinanderhalten kann, ist auch in der Lage, gegen Ungerechtigkeit, die ihm widerfährt, vorzugehen. Und zwar mit Argumenten statt mit Rechthaberei oder Gewalt.

Aus diesen Ausführungen sollte auch deutlich werden, dass Psycheentwicklung immer den Menschen und die Gesellschaft im Blick hat. Deshalb ist bewusste Beziehungsarbeit so wichtig, weil eins nicht ohne das andere funktioniert. Nur durch eine solche entwickelt sich ein Gefühl für die Existenz und die Wichtigkeit anderer Menschen. Nur durch sie kann ein Kind erfahren, dass auch andere Recht haben können, dass auch andere berechtigte Gefühle haben und dass diese Tatsachen jeden Einzelnen in seinen Möglichkeiten einschränken, ohne dass daran etwas Negatives wäre.

Mit dem Übergang von Kindheit zu Jugend und zum Erwachsenenleben gewinnt dieses soziale Gefühl immer mehr an Bedeutung, weil der Mensch zunehmend Teil größerer gesellschaftlicher Prozesse wird. Dass er sich dabei nur manchmal als gestaltender Teil fühlt und bisweilen auch als Rädchen im Getriebe, spielt zunächst einmal keine Rolle. Wichtig ist, dass soziale Systeme, sei es die Familie, sei es die Schule, sei es der Betrieb, nur zur Zufriedenheit funktionieren können, wenn die einzelnen Glieder des Systems ineinandergreifen. Im Betrieb gilt dies umso stärker, je kleiner die Einheit wird. Auf die ganze Firma bezogen, mag ein einzelner Problemfall noch nicht so tragisch sein. Innerhalb einer Abteilung wird es schon kritischer, bei einem Zweierteam etwa geht dann gar nichts mehr.

Personalverantwortliche in Betrieben sollten also genau hinschauen und das Gesehene reflektieren: Gibt es regelmäßig immer wieder die gleichen Schwierigkeiten mit Neueinsteigern? Besteht der Eindruck der absoluten Lernresistenz? Dann liegt der Verdacht, dass psychische Reifeverzögerungen eine Rolle spielen, nahe. Und dann können auch die in diesem Buch angesprochenen Erläuterungen und Erklärungshypothesen helfen, einen Ausweg zu finden. Keine Übertreibungen also: Nicht jede Unlust eines »Neuen« ist gleich auf psychische Unreife zurückzuführen. Aber ein Bewusstsein dafür, dass es dieses Phänomen gibt und dass es in zunehmendem Maße für Schwierigkeiten verantwortlich ist, kann allen helfen: dem Betrieb, den anderen Mitarbeitern und nicht zuletzt dem Einsteiger höchstpersönlich.

Die Beschreibung der einzelnen Beziehungsstörungen mag an dieser Stelle als Hintergrund für die hier erörterten Phänomene reichen. Wer sich noch ausführlicher damit auseinandersetzen möchte, findet in »Warum unsere Kinder Tyrannen werden« und in »Tyrannen müssen nicht sein« weiterführende Erläuterungen.

Die Auswirkungen der Beziehungsstörungen verschwinden nicht mit dem Erwachsensein

Wie gerne würden wir an dieser Stelle beruhigend sagen: Die bisherigen Ausführungen sind zwar beunruhigend, aber das wächst sich mit der Zeit aus! Leider ist das nicht der Fall, im Gegenteil. Da wächst sich nichts aus, sondern die Auswirkungen der Beziehungsstörungen werden erst im jungen Erwachsenenalter wirklich manifest.

Ein Beispiel aus einem Gastronomiebetrieb:

An einem ruhigen Abend schickt die Küchenchefin den ausgelernten Koch früher in den Feierabend, damit er endlich mal Überstunden abbauen kann. Daraufhin raunzt der Azubi im zweiten Lehrjahr die Chefin an, was das denn bitte solle, da bestünde ja die Gefahr, dass er abends später aus dem Betrieb rauskomme. Der Versuch der Küchenchefin, den Vorfall unter vier Augen zu klären, bleibt vollkommen wirkungslos, der Azubi zeigt sich absolut uneinsichtig.

In »Warum unsere Kinder Tyrannen werden« wurde im Kapitel über die japanischen Hikikomoris beschrieben, wie der Alltag von Jugendlichen aussieht, die psychisch unausgereift nur noch auf ihrem Zimmer leben, fernsehen, den Computer bedienen und höchstens mal den Gang zum Kühlschrank antreten, um neues Fast Food zu holen.

Ende 2009 bestätigte ein trauriger Fall, dass diese Realität auch in Deutschland angekommen ist und zu erschütternden Ergebnissen führt. Ein 20-Jähriger hatte offensichtlich versucht, die Betreiber einer Internet-Plattform zu erpressen, indem er sich illegal Kundendaten der Plattform besorgte, und drohte diese zu verkaufen. Dass ein so groß angelegter Datenklau nur von jemandem zu bewerkstelligen ist, der einigermaßen in Online-Netzwerken und im Umgang mit dem Rechner »zu Hause« ist, erschließt sich jedem schnell. In diesem Fall, so legt die Titelzeile eines gut recherchierten Artikels im Magazin »stern« nahe, war es jedoch mehr: »Er hing am Computer wie an einem Tropf und verlernte das Leben«[11] heißt es da, und deutlicher lässt sich wohl kaum in Worte fassen, worum es geht.

Der junge Mann hatte eine »Karriere« hinter sich, die in zunehmendem Maße die Biografien von jungen Menschen prägt. Der Umgang mit dem Computer, oder besser gesagt: mit den Inhalten in Form von Spielen oder Online-Angeboten wird zwar von klein auf erlernt. Nicht in allen Fällen bringt das jedoch lediglich die erhöhte »Medienkompetenz« mit sich, wie arglose Zeitgenossen immer noch argumentieren. Diese angeeigneten Fähigkeiten erschöpften sich nämlich zunehmend im rein technischen Umgang mit dem Gerät und den Inhalten. Die dazugehörige soziale Kompetenz hingegen wird durch das fehlende menschliche Gegenüber immer weiter zerstört statt aufgebaut, der jugendliche User »verlernt«, wie es im Artikel markant heißt, »das Leben«.

Jugendliche, deren Psyche aufgrund der durchlebten Beziehungsstörungen auf dem Niveau von Kleinkindern entwickelt ist, können normales menschliches Zusammenleben nicht mehr richtig in ihr Handeln integrieren. Sie haben die Funktionsweise eines solchen Miteinanders nie ausreichend erleben dürfen, da Erwachsene ihnen zu oft im Rahmen von

---

11. Volland, Bernd, Götting, Markus und Dirk Liedtke: Matthias war einfach zu naiv. In: stern Nr. 47/2009, S. 56f.

partnerschaftlichen Verhaltensweisen (als sie Kleinkinder waren) oder auf der Ebene der Projektion begegnet sind. Ihnen wurde damit psychisch immer nur die Gewissheit vermittelt, alles bestimmen zu können, anderer Menschen nicht zu bedürfen bzw. keine Fremdbestimmung annehmen zu müssen.

Dieser Umstand war auch von Beginn an mit dem zeitweilig falsch gedeuteten Begriff des »Tyrannen« gemeint. Mitmenschen, die uns scheinbar ignorieren, sich nicht in Gemeinschaften integrieren und ausschließlich egozentrisch handeln, erscheinen uns tyrannisch, sie unterminieren friedliches, produktives Miteinander.

In Betrieben heißt eines der Zauberwörter heute *Teamwork*. Teamwork kann nur funktionieren, wenn die Mitglieder des Teams auf die anderen Rücksicht nehmen, ihre Argumente anhören und das Ziel haben, gemeinsam zu einer Lösung zu kommen. Man stelle sich vor, jedes Mitglied eines Teams würde stetig beleidigt reagieren, wenn seine Vorschläge nicht angenommen werden, oder würde sofort den Raum verlassen, wenn es zehn Minuten dem Kollegen zuhören soll. Niemand würde ein solches Verhalten akzeptieren, alle würden es als befremdlich empfinden. Auch wenn zum Beispiel nach einer Diskussion eine Entscheidung getroffen werden muss, die vielleicht nicht allen schmeckt, können die Unzufriedenen nicht einfach das Weiterarbeiten boykottieren. Sie haben sich vielmehr dem Mehrheitswillen zu fügen und zu akzeptieren, dass sie dieses Mal nicht mit ihren Argumenten durchgekommen sind.

Menschen mit dem psychischen Entwicklungsstand eines kleinen Kindes, wie wir sie in zunehmender Zahl derzeit aus dem Schulleben in das Arbeitsleben entlassen, haben mit diesen normalen Teamwork-Prozessen immense Probleme. Der Kollege, der eine andere Meinung, einen anderen Vorschlag hat, wird nicht ernst genommen, die Entscheidung, die er gegen die eigene Meinung fällt, kann im Grunde gar nicht ausgehalten werden und zieht akuten Arbeitsunwillen nach sich.

Auch hier geht es nie um die unterschiedliche »Tagesform«. Niemand ist jeden Tag gleich zufrieden und findet sich gleich gut mit Widrigkeiten ab. Bei den Betroffenen ist diese Haltung aber ein Dauerzustand und wirkt sich damit immens auf die Stimmung und die Arbeitsmoral innerhalb der Firma oder Abteilung aus.

Szenen wie die folgende sind damit keine Seltenheit oder Ausnahme mehr:

Ein junger Mann absolviert eine Lehre zum Groß- und Außenhandelskaufmann. Sein Vater, selbst bei der Agentur für Arbeit beschäftigt, ist der Meinung, der Junge müsse möglichst störungsfrei die Ausbildung absolvieren können. Was das bedeutet, kann man an den erheblichen finanziellen Zuwendungen erkennen, die der Azubi immer wieder wie selbstverständlich von den Eltern bekommt (er selbst hält sie auch, wie er mehrfach bemerkt, für selbstverständlich). Den Chef seiner Firma sieht er nach eigener Aussage vor allem dafür zuständig, ihm nicht zu viel Arbeit aufzubürden und ihm nach Möglichkeit den Besuch der Berufsschule zu ersparen. Trotzdem versucht der Betrieb alles, um ihn »durchzuschleusen«. Am Ende der Ausbildung, als er einmal abends länger bleiben soll, springt er aufs Rad und ruft dem Lagermeister zu: »Ich hab genug gemacht, soll der Alte mir doch 'ne Abmahnung schreiben, ist mir egal!«

Der junge Mann aus dem Beispiel hat die Ausbildung mit Ach und Krach abgeschlossen. Arbeitsfähigkeit allerdings sieht wohl anders aus, und es ist kein Kunststück zu prognostizieren, dass er mit dieser Einstellung und Arbeitshaltung immer wieder Probleme bekommen wird.

Entscheidend ist dabei zu sehen, dass es nicht um mangelnde Intelligenz oder Ungeschicklichkeit geht. Solchen jungen Menschen kann gar nicht auffallen, dass ihr Verhalten unangemessen ist, da das Erkennen dieser Unangemessenheit einen psychischen Reifegrad voraussetzen würde, den sie nicht haben.

Natürlich lässt sich aus kinderpsychiatrischer Sicht nicht via Ferndiagnose über die Lebensgeschichte dieses speziellen Auszubildenden urteilen. Man kann jedoch mit Bestimmtheit sagen, dass die Merkmale seines Verhaltens exakt dem entsprechen, was sich über die Jahre in zunehmendem Maße sowohl in der kinderpsychiatrischen Praxis als auch im »echten« Leben zeigt und deshalb unter dem Blickwinkel »Beziehungsstörungen« analysiert werden musste.

Wir können also nicht darauf warten, dass das Fehlverhalten des Schülers im Erwachsenenalter einfach verschwindet. Es handelt sich nicht um temporäre Trotzphasen oder pubertäre Erscheinungen, die irgendwann überwunden sind. Sondern es geht immer um fehlende Entwicklung, fehlende Reife, die zunächst einmal als solche erkannt werden muss, um dann einen Bewusstseinsprozess beim »Gegenüber« der jungen Leute auszulösen, der helfen kann, ein Nachreifen zu ermöglichen.

Konkret treten bei Berufseinsteigern immer wieder bestimmte Merkmale bzw. Verhaltensweisen auf, die sich überblicksartig so darstellen lassen:

- *Ausgeprägte und dauerhafte Abneigung gegenüber Reflexion und (unbequemem) Lernen*
- *Geringe Frustrationstoleranz*
- *Häufige Rechtfertigungen und Schuldzuweisungen*
- *Einseitigkeit in Konfliktsituationen*
- *Mangelhafte Fähigkeit, andere Perspektiven einzunehmen*
- *Schwierigkeiten, eigene Gefühle und Befindlichkeiten auszudrücken*

All diese Phänomene lassen sich zum größten Teil durch fehlende psychische Reife erklären. Sie ziehen sich, wenn die Ausbildung überhaupt geschafft wird, immer weiter durchs Berufsleben der Betroffenen und machen sowohl ihnen als auch den Kollegen bzw. Betrieben das Leben schwer bis unmöglich.

Wider die Spaßgesellschaft und den Hochbegabtenwahn

Zwei Phänomene sollen in diesem Abschnitt betrachtet werden, die im beruflichen Umfeld eine zunehmend wichtigere Rolle spielen. An ihnen kann man zeigen, wie eine bestimmte Denkweise Einzug gehalten hat, die vom Eigentlichen, vom Kern beruflichen Tuns wegführt. Die Rede ist vom Spaßstreben einerseits und von der Hochbegabteninflation andererseits.

Doch vorab ein weiteres Beispiel aus dem Alltag, das eine von vornherein gescheiterte Kommunikation veranschaulicht:

Frau Süß, Betreiberin einer Bowling-Bahn mit angeschlossener Gastronomie, bekommt die Bewerbung für eine Stelle als Techniker von einem jungen Mann namens Jörn. Sie vereinbart einen Vorstellungstermin mit ihm und widmet sich anschließend weiter ihrem Geschäft. Als sie einen Tag später im Gespräch mit Kunden in ihrem Betrieb steht, stellt sich plötzlich ein ihr bis dahin unbekannter junger Mann dazu und platzt mit der Frage, was denn nun mit seiner Bewerbung sei, mitten ins Gespräch. Irritiert teilt sie ihm mit, der Vorstellungstermin sei doch bereits für den kommenden Montag um 13 Uhr abgemacht.

An besagtem Montag klingelt um 12.10 Uhr das Handy von Frau Süß, die noch unterwegs ist. Jörn ist dran, er beklagt sich, wo sie denn bliebe, schließlich hätten sie um 12 Uhr einen Termin und er habe nicht ewig Zeit. Frau Süß gelingt es, freundlich zu bleiben, ihn auf seinen Irrtum hinzuweisen, was ihn allerdings nicht sonderlich interessiert. Unwirsch beharrt er darauf, nicht warten zu können, und verlangt einen neuen Termin.

Frau Süß, immer noch freundlich, beendet das Gespräch mit der Ankündigung, ihn zurückzurufen, weil sie gerade im Auto sitze. Daraufhin klingelt vier Minuten später erneut ihr Telefon, Jörn ist am Apparat und teilt ihr mit, dass sich das mit seiner Bewerbung dann erledigt hätte, da sie ihn anscheinend ohnehin nicht verstehen könne. Unter diesen Bedingungen könne er sich ein Arbeitsverhältnis nicht vorstellen.

Es gibt eine Aussage, die in der Regel unwidersprochen hingenommen wird, weil sie doch zunächst mal so logisch und auch irgendwie sympathisch erscheint. Die Aussage lautet: Alles muss Spaß machen. Der Kindergarten, die Schule, der Sportverein, das Studium und natürlich auch der Job. Und es ist auch nicht mehr mit »ein bisschen Spaß« getan, sondern es muss gleich ganz, ganz viel davon sein. Angeblich wird dann die Anstrengung leichter, Leistung spielend abrufbar, man scheint gar nicht mehr zu merken, dass man ja eigentlich etwas ganz »Furchtbares« macht, nämlich arbeiten, zur Schule gehen oder am Sporttraininig teilnehmen.

Was gegen Spaß spricht? Gar nichts. Wir alle haben gerne Spaß und freuen uns, wenn uns nahe stehende Menschen Spaß haben. Worum es aber in unserem Zusammenhang geht, ist die Frage nach dem Weg zum Ziel.

Spaß wird nämlich heute im Wesentlichen definiert als die Abwesenheit von Anstrengung. Dazu einige Aussagen von jungen Berufseinsteigern:

- *»Einen Job, der keinen Spaß macht, will ich nicht.«*
- *»Ich musste die Ausbildung abbrechen. Die ständige Plackerei hat mir jeden Spaß verdorben.«*
- *»Das Rumschrauben an den Autos macht mir ja Spaß. Aber das Aufräumen ist blöd. Erst neulich hat der Chef wieder gemeckert, weil ich angeblich nicht richtig gefegt habe. Ich weiß gar nicht, was der von mir will. Ich glaube, der will gar nicht, dass ich Spaß bei der Arbeit habe.«*
- *»Meine Mutter hat gesagt, ich soll mich sofort beim Chef beschweren, wenn mir die Ausbildung keinen Spaß macht.«*

Vier verschiedene Aussagen von vier verschiedenen Leuten, in allen der gleiche Tenor. Die erste Anforderung an die Ausbildung bzw. die berufliche Tätigkeit an sich scheint weniger inhaltlich-fachlicher Natur zu sein, sondern sie besteht darin, dass der Spaßfaktor hoch genug ist. Und zwar ein von außen generierter Spaßfaktor. Chef, Ausbilder, Kollegen, sie alle haben dafür zu sorgen, dass es bei der Arbeit nicht langweilig wird und sich die Neueinsteiger gut unterhalten fühlen. Dann, ja, dann erst kann man eventuell auch mal über die fachliche Seite des Jobs nachdenken.

Was hier ein wenig sarkastisch klingt, wird von vielen Betriebsinhabern tatsächlich so empfunden und beschrieben. Bewerber bzw. neue Mitarbeiter machen ihre Leistungsbereitschaft vom Entertainment-Faktor der Firma oder des Jobs abhängig und finden das absolut normal.

Bei diesen Beschreibungen kommt einem unweigerlich der so genannte Marshmallow-Test in den Sinn, den der Psychologe Walter Mischel in den 60er- und 70er-Jahren durchführte und daraus die Theorie des so genannten »Belohnungsaufschubs« entwickelte. Mischel legte dabei Kindern im Alter von vier Jahren einen Marshmallow vor und sagte ihnen, sie könnten diesen einen sofort haben oder noch eine Weile abwarten. Wenn sie abwarteten, bekämen sie sogar zwei Marshmallows. Im Ergebnis griffen einige Kinder sofort zu, andere schlossen die Augen, um die Süßigkeit nicht sehen zu müssen, wieder andere suchten sich eine Ablenkung, um die Wartezeit auf die doppelte Menge zu überbrücken.

Mischler hat diesen 1960 durchgeführten Test später in einer Längsschnittstudie erweitert und Rückschlüsse aus dem Verhalten der Kinder auf das spätere Abwartevermögen im Erwachsenenalter gezogen. Es stellte sich tatsächlich heraus, dass ein Großteil der Kinder, die auf den zweiten Marshmallow warten konnten, als Erwachsene eine erhöhte Sozialkompetenz und größere Selbstbeherrschung zeigten.

Übertragen auf unseren Kontext heißt das also: Eine immer größere Anzahl von jungen Berufseinsteigern neigt dazu, sofort das erste Stück zu nehmen und die Perspektive auf das zweite Stück nicht wahrnehmen zu können, weil das

Abwarten mit Selbstdisziplin zu tun hat und nur schwer oder gar nicht ausgehalten werden kann. Warum thematisieren wir das an dieser Stelle? Nun, es lohnt sich, einmal genauer darüber nachzudenken, ob Spaß eigentlich immer gleich Spaß ist. Das ist keine philosophische Frage, sondern zielt darauf ab, sich die Qualität von Spaß zu überlegen.

Heute ist mit Spaß in der Regel die kurzfristige Lustbefriedigung gemeint (also der sofortige Marshmallow-Genuss). Der Kick. Das Event. Eben das, was die regelmäßigen Feierlichkeiten am Wochenende so bringen. Und Arbeit muss dann mit diesen Events mithalten können, der Spaßfaktor im Betrieb wird an den privaten Vergnügungen gemessen. Wenn er diesem dann nicht standhalten kann, ist das für viele junge Berufstätige ein Argument gegen ihren Job.

Diese Art des Spaßes ist sicherlich noch nicht per se abzulehnen. Es hat für jeden Menschen etwas Entlastendes, wenn die direkte Lustbefriedigung gesucht und gefunden werden kann. Die Frage ist aber, ob man damit die einzige Definition von Spaß gefunden hat oder ob da nicht doch irgendwo noch mehr ist (etwa ein zweiter Marshmallow …).

Hier sind zunächst weitere, etwas anders gelagerte Aussagen von jungen Berufsanfängern:

- »*Das letzte Projekt in der Firma war total anstrengend und langwierig. Aber als wir es geschafft hatten, waren alle total zufrieden. Hinterher waren wir uns einig, dass es ziemlich viel Spaß gemacht hat.*«
- »*Wir müssen in der Firma immer ziemlich hart ran. Aber irgendwie macht das auch richtig Spaß, weil man merkt, was man schafft.*«

– *»Wir haben gerade ein neues Produkt entwickelt. Abends war ich immer total kaputt und nur noch auf dem Sofa. Aber Spaß hat's trotzdem gemacht!«*

Man merkt sofort, dass der Spaßbegriff hier eine ganz andere Bedeutung hat. Hier geht es plötzlich um die Qualität des Spaßes, der sich nach längerer oder größerer Anstrengung einstellt, um eine Form von Zufriedenheit, die damit zu tun hat, dass man weiß, was man geleistet hat. Diese Form von »Qualitätsspaß« scheint weithin unvorstellbar geworden zu sein. Sich erst anzustrengen und dabei auch noch abzuwarten, um dann Spaß zu haben, ist nicht attraktiv; eher unterstellt man, dass dies nur vertuscht, dass in Wirklichkeit auf diesem Weg noch das letzte Fünkchen Leistung aus den Mitarbeitern herausgekitzelt werden soll.

Hier zeigen sich die Auswirkungen der Beziehungsstörungen in einem klar definierten Feld. Wer über die entsprechende Reife verfügt, überlegt nicht, ob er seine Befriedigung auf kürzerem Wege erreichen kann. Er sieht Leistung nicht als Quälerei und notwendiges Übel, sondern zieht aus ihr (immer vorausgesetzt, es handelt sich um eine sinnvolle und befriedigende Tätigkeit!) jene Form von Spaß, die dank ihrer Qualität viel länger vorhält und ein viel tieferes Gefühl von Zufriedenheit hinterlässt als jene kurzfristige Lustbefriedigung, die schon Momente später den neuen, den nächsten Kick braucht. Viele Einsteiger heute können das nicht mehr und erfahren damit auch keine in Zusammenhang mit ihrer Tätigkeit stehenden Bestätigungen mehr wie das Erkennen eines Sinns, Tiefe von Zufriedenheit bzw. langfristige Befriedigung.

Leider hängt das Spaß-Motiv auch eng mit der Suchtthematik zusammen. Die psychische Unreife vieler heutiger Jugendlicher macht sie für Suchtgefahren sehr viel anfälliger, weil diese die Sofortbefriedigung versprechen, welche die frustrationsintolerante Psyche braucht. Genauso ist es hier. Anstrengung vor dem Ziel bzw. der Bedürfnisbefriedigung wirkt abschreckend, weil unter Umständen frustrierend. Außerdem wurde keine ausreichende moralische Instanz entwickelt, die dafür sorgen könnte, dass die hinter der Anstrengung stehenden Erfordernisse als wichtig anerkannt werden.

Letztlich ist es also sogar eine Sucht nach Spaß, die ihren Ausdruck darin findet, Arbeit und Anstrengung generell als Überforderung zu empfinden. Ein Nachreifen könnte dafür sorgen, dass sich viele Berufsanfänger darauf einlassen, sich nicht grundsätzlich erst mal gegen unbequeme Anweisungen zu wehren, sondern ihre Arbeit als normalen Tagesablauf zu verstehen. Viele würden dabei merken, dass sich der Spaß oft auch mit dem erst langfristig zu erkennenden Sinn der beruflichen Tätigkeit einstellt und dann sehr viel anhaltender und tiefgründiger ist.

Haben die einen – scheinbar – zu wenig Spaß bei der Arbeit, fallen die anderen eher dadurch auf, dass sie dem eigenen Empfinden nach – wie man umgangssprachlich so schön sagt – die Weisheit mit Löffeln gefressen haben. Die Rede ist von all den Hochbegabten, die in den letzten Jahren die anspruchsvolleren Einstiegspositionen stürmen und oft vom ersten Tag an Ansprüche auf den Chefsessel erheben.

Hochbegabung ist heute ein ganz heißes Thema, und gleichzeitig ein gutes Beispiel dafür, wie die gesellschaftliche Diskussion von einem Extrem ins andere fällt. Denn in genau dem Maße, wie es dieses Thema bis vor etwa zehn oder fünfzehn Jahren offiziell kaum gab, ist es heute ein absolutes

Trendthema. Mag noch vor zehn Jahren ein Kind wirklich darunter gelitten haben, dass seine außergewöhnliche Begabung nicht gesehen wurde und daraus entstehende Auffälligkeiten missdeutet wurden, so schlägt heute bei jedem Fünfjährigen, der mehr als seinen Namen schreiben kann, der Hochbegabtenalarm an.

Dieser Wahn wäre allein schon ein Thema für sich, doch versuchen wir, den Zusammenhang zu unserem Kernthema herzustellen. Wer heute für die Auswahl neuer Mitarbeiter verantwortlich ist, hat dabei sehr viel häufiger, als das früher der Fall war, neben den Bewerbern auch mit deren Eltern zu tun. Zu den Gründen dafür werden wir im weiteren Verlauf noch kommen. Tatsache ist jedoch, dass gerade von den Eltern bei der Suche nach Pro-Einstellungsargumenten immer wieder gerne argumentiert wird, ihr Sohn oder ihre Tochter seien so überaus talentiert; vielfach fehlt auch der explizite Hinweis auf eine mögliche Hochbegabung nicht.

Meistens stellt sich die von Bewerbern und/oder Eltern angestellte Hypothese recht schnell als Fehlannahme heraus. Die Fälle, in denen eine Firma tatsächlich ein Naturtalent für den fraglichen Job einstellen konnte, dürften an wenigen Fingern abzuzählen sein. In allen anderen Beispielen ist es dann letztlich doch eher der klassische Weg, den es zum Erreichen guter Leistungen zu gehen gilt: Motivation und Übung sowie kontinuierliche Leistungsbereitschaft.

Es gibt längst Forschungen zu den Größenordnungen, in denen man sich bewegt, wenn die notwendige Anzahl an Stunden genannt werden soll, die für die echte Beherrschung einer Grundfertigkeit aufgewandt werden muss. Diese Stundenzahl bewegt sich im Tausenderbereich und löst im Grunde jegliche Talenthypothese von ganz alleine auf.

Leider ist auch bei Eltern zunehmend der Trend festzustellen, ihren Kindern weniger realistisch entgegenzutreten, sondern ihnen zu suggerieren, sie seien Naturtalente für alles Mögliche und das werde schon reichen. Das soll selbstverständlich nicht heißen, dass Eltern ihre Kinder demotivieren sollen, indem sie ihre Fähigkeiten in Abrede stellen. Es geht ja auch nicht um die Negierung von Talent an sich, sondern um die Tatsache, dass erst Übung und Motivation aus einem speziellen Können etwas produktiv Nutzbares machen.

Die Talenthypothese dient oftmals auch als vorgeschobenes Argument dafür, eine Anstrengung frühzeitig aufzugeben. In zunehmendem Maß berichten Ausbildungsverantwortliche darüber, dass junge Mitarbeiter bei schwierigen Aufgaben schnell aufstecken und dies damit begründen, ihnen fehle einfach die Begabung dazu. Die Bereitschaft, sich Kenntnisse durch Übung anzueignen, nimmt demgegenüber genauso ab wie die generelle Motivation, unbekanntes Terrain zu erobern. Aller Anfang ist schwer, weil er in der Regel mit Anstrengung und Mühe einhergeht.

Exkurs: Führungskräfte mit nicht entwickelter Psyche

Um zu zeigen, was uns möglicherweise selbst auf der Führungsebene der Wirtschaft droht, wenn wir das Problem der psychischen Unreife nicht erkennen und angehen, sei an dieser Stelle ein Beispiel angeführt, das man im ersten Moment vielleicht gar nicht mit den hier behandelten Themen in Verbindung bringen würde. Es handelt sich um den Workshop eines internationalen Elektronik-Konzerns, der aufgrund gravierender Qualitätsprobleme bei den Produkten ins Leben gerufen wurde. Anwesend sind Kunden, Lieferanten und der Großteil der Führungsebene des Konzerns, darunter die einzelnen Abteilungsleiter, überwiegend junge Mitarbeiter, die ihren Uniabschluss noch nicht lange hinter sich haben und hier in eine hoffnungsvolle Karriere in der Wirtschaft starten wollen.

Im Laufe des Workshops kam es zu folgender Szene:

Ein Kunde des Konzerns kommt aus der Deckung und offenbart den sichtlich angestauten Frust. Er sei weniger von den Qualitätsmängeln enttäuscht (die ja eigentlich Gegenstand des Workshops waren) als vielmehr von der persönlichen Missachtung, mit der das Unternehmen ihn strafe. Auf die verständnislosen Blicke der meisten Konzern-Mitarbeiter legt er Ausdrucke verschiedener E-Mails vor und fragt Abteilungsleiter Müller direkt, warum ihn dieser nach nunmehr vier Monaten der steten Nachfrage immer noch nicht kontaktiert habe, um das eindeutig bestehende Problem zu erörtern.

Müller reagiert auf diese Ansprache des Kunden zunächst gar nicht und bleibt regungslos sitzen. Auch nachdem der Kunde sein Anliegen wiederholt hat, sichtbar emotional aufgebracht, bleibt er einfach sitzen und sagt nichts.

Der Kunde wendet sich daraufhin an die weiteren anwesenden Abteilungsleiter und fragt, ob dieses Problem allgemein bestünde. Keiner antwortet ihm, bis schließlich nach erneuter Ansprache der eigentlich betroffene Müller emotionslos zur Kenntnis gibt, die Firma sei gerade erst »reorganisiert« worden und er nicht mehr der zuständige Mitarbeiter. Darüber hinaus gebe es klar definierte »Qualitätsverbesserungsprozesse«, die vom Kunden nicht eingehalten worden seien.

Der Kunde hat daraufhin den Workshop verlassen und versucht seither, Produkte dieser Firma aus seinem Sortiment herauszuhalten. Der Tenor der Führungskräfte am Ende des Workshops aber war einhellig: Die Übungen waren zu schwierig und darauf ausgelegt, dass »wir scheitern«. Außerdem sollten beim nächsten Mal Kunden eingeladen werden, die nicht so emotional reagieren.

Nun mag man sich fragen, was dieses Beispiel hier zu suchen hat. Schließlich geht es uns doch um junge Berufseinsteiger und nicht um Führungskräfte in Unternehmen, die ja schließlich von der Problematik gar nicht betroffen sein können, da sie sonst doch nicht in diese Position gelangt wären.

So absolut lässt sich das leider nicht sagen. Es gibt durchaus Anzeichen dafür, dass sich zum grundsätzlichen Problem der fehlenden Ausbildungsreife in den klassischen Ausbildungsberufen auch eines gesellt, das eher Universitätsabsolventen betrifft. Junge Führungskräfte wie Herr Müller im Beispiel gelangen in der Regel nach Abschluss ihres Studiums nahtlos in vergleichbare Positionen. Sie absolvieren somit keine Lehre im klassischen Sinne, sondern stehen relativ schnell direkt in der Verantwortung für Produkte und durchaus auch für Mitarbeiter.

Man muss sich dazu Folgendes vor Augen halten: Es gibt keine signifikante Korrelation, das heißt keinen automatischen Zusammenhang zwischen mangelnder psychischer Reife und mangelnder Intelligenz. Bisweilen machen junge Menschen den Eindruck niedriger Intelligenz, weil sie bestimmte intellektuelle Leistungen aufgrund fehlender Reife nicht erbringen. Sehr viele aber sind sehr wohl in der Lage, sich im Rahmen eines Studiums Fachwissen anzueignen und damit positiv aufzufallen. Sie wirken oft überdies zunächst einmal sehr motiviert und engagiert, da sie ihrem Selbstbild zufolge ja »allein« auf der Welt sind und somit »alles« können und nichts und niemand zu fürchten brauchen.

Das Problem tritt im Moment des emotionalen Kontakts mit Mitmenschen auf, wie man es im Beispiel des Herrn Müller erkennen kann. Ein psychisch reifer Mensch würde auf die Ansprache des Kunden zugewandt reagieren (und hätte sich zudem vielleicht auch vorher schon mal bei diesem gemeldet), ihn als Gegenüber akzeptieren und wahrnehmen. Er hätte ein Gespür dafür, dass sich seine Position und die des Kunden gegenseitig bedingen. Beide brauchen einander und keiner von beiden kann dieser Tatsache durch Aussitzen ausweichen.

Man muss dabei Folgendes klar auseinanderhalten: Für ein Verhalten wie das von Herrn Müller mag es weitere Erklärungshintergründe und Deutungsmuster geben, die in den Bereich der Erwachsenenpsychologie fallen. Diese sind sehr häufig mit Motivationstrainings wieder zu kompensieren. Für unseren Zusammenhang aber ist entscheidend, dass ein solches Verhalten charakteristisch für eine Führungskraft sein kann, die in der Kindheit und Jugend unter dem Einfluss von Beziehungsstörungen aufgewachsen ist.

Das ist der Grund, warum auch bei Universitätsabsolventen ähnliche Probleme auftreten wie in den klassischen Ausbildungsberufen. Die Universität ist, genau wie die Schule, bis zu einem gewissen Grad immer noch ein geschützter Raum, in dem Leistungsanforderungen flexibel gehandhabt werden können. Wirklich sichtbar werden Defizite in der psychischen Reife dann oft erst im Arbeitsleben, in dem eher der Markt die Anforderungen bestimmt als der einzelne Vorgesetzte.

Was eben auch Studenten in steigender Zahl fehlt, ist der Impuls, sich selbst zu hinterfragen, das eigene Handeln kritisch zu reflektieren. Im Beispiel oben führt das dazu, dass dem Gegenüber in Gestalt des kritisierenden Kunden zu wenig Raum und Einflussmöglichkeit gegeben wird. Die Unfähigkeit dazu wird mittelfristig für die Firma von Nachteil sein, wenn weitere Kunden dem Beispiel des einen folgen und die Produkte der Firma nicht mehr einkaufen. Angesichts hart umkämpfter Märkte heutzutage kann das keine beruhigende Prognose für die Zukunft sein. Außerdem zeigt dieses Beispiel sehr schön den bereits angesprochenen Bruch beim Eintritt ins Berufsleben: Im Gegensatz zu Kindergarten, Schule und auch Universität können hier die Ansprüche nicht mehr heruntergeschraubt werden, sondern wachsen im Gegenteil eher noch. Um dieser Herausforderung Herr zu werden, braucht es Mitarbeiter, die den entsprechenden Belastungen und Anforderungen gewachsen sind.

Fragt man Unternehmensberater, wie sie die Personalsituation in den Führungsetagen beurteilen, wird zumindest hinter vorgehaltener Hand bereits jetzt ein Problem bezüglich der sozialen Kompetenzen gesehen, das u. a. in psychischen Reifungsdefiziten begründet ist. Dieses Problem trete aber in Zukunft noch viel stärker auf, weil sich die Wirtschaft stark beschleunigt. Das »Spiel« werde schneller und härter und damit bei gleichbleibender Tendenz immer mehr Opfer fordern.

Das mag man bedauerlich finden und ideologisch kritisieren, es ändert indes nichts an der Lage. War bis vor zehn Jahren ein Fax etwas Modernes im Büro und fünf bis zehn

Faxe pro Tag die Regel, so sind es heute mehrere hundert E-Mails pro Tag, die man als Standard ansehen kann. Nicht alle Berufszweige entwickeln sich dabei gleich schnell, aber auch die Bereiche, die heute noch nicht umfassend elektronisch vernetzt sind bzw. arbeiten, wie zum Beispiel Krankenhäuser und die gesamte öffentliche Verwaltungsebene, wird die Beschleunigungswelle treffen, wenn auch mit einer Verzögerung von fünf bis fünfzehn Jahren. Die psychologische und soziale Reife wird zum Erfolgsfaktor, um dem wirtschaftlichen Druck standzuhalten und entgegenzuwirken. Die fachliche Qualifikation, so ist zu hören, sei mittlerweile nur noch ein so genannter »Hygiene-Faktor« im Management.

Kapitel 5

Was Chefs und Ausbilder ändern können und müssen

Sarah ist Auszubildende in einer Bank. An ihrem Arbeitsplatz hat sie einen internetfähigen PC, da sie bisweilen auf Informationen aus dem Netz zugreifen muss. Sarahs Arbeitstag beginnt jeden Morgen damit, dass sie zunächst mal einen »Rundgang« über verschiedene Internetplattformen macht, auf denen sie mit einem Profil vertreten ist, um zu schauen, ob sie Nachrichten hat und was es von ihren Kontakten an Neuigkeiten gibt. Erst nach diesem Rundgang fährt sie ihr Arbeitssystem hoch und beschäftigt sich überwiegend mit dienstlichen Dingen. Überwiegend, denn Besuche auf Shopping-Seiten, um etwa Kleidung zu bestellen, gehören ebenso zum selbstverständlichen Tagesprogramm. Sarah vollführt diese »Nebenbeschäftigung« in der Regel ganz offen; selbst wenn der Ausbildungsleiter das Büro betritt, ist sie nicht bemüht, die entsprechenden Internetseiten zu schließen.

Wenn heute von mangelnder Ausbildungsreife die Rede ist oder Chefs sich über die schlechten Leistungen von Auszubildenden beschweren, hat das häufig eher destruktiven Charakter. Man klagt über »die Jugend von heute«, schwärmt von »früher«, als »alles besser« war, und gibt Eltern, Schule und Gesellschaft die Schuld. Der problematische Azubi wird entweder irgendwie durchgeschleppt oder rausgeschmissen, wenn's gar nicht mehr geht. Woran mag es liegen, dass in so vielen Fällen aufgegeben wird?

Nachvollziehbare Erklärungen und Lösungsansätze scheinen in unerreichbare Ferne gerückt und im betrieblichen Alltag ohnehin die Zeitressourcen knapp zu sein, sodass wenig Gelegenheit bleibt, sich der Schwierigkeiten des Nachwuchses anzunehmen.

Dabei stellt man sich durchaus in vielen Betrieben und auch beispielsweise in den Handwerkskammern die richtigen Fragen:

- *Wie kann es gelingen, die heute große Zahl an Jugendlichen, die nicht ausbildungsreif und ausbildungsfähig ist, in das Berufsleben zu integrieren?*
- *Welche Weichenstellungen müssen rechtzeitig und frühzeitig vorgenommen werden, um die Probleme gar nicht erst entstehen zu lassen und den Jugendlichen, der Gesellschaft, dem Sozialstaat und dem Handwerk zu helfen?*

Wir müssen also dringend von einer abwehrenden Haltung in Betrieben und auch Berufsschulen wegkommen, um zum eigentlichen Kern der Probleme vorzustoßen.

Schauen wir uns dazu zunächst ein weiteres Fallbeispiel an.

Sabine ist Auszubildende in einem kaufmännischen Beruf, sie arbeitet in einem großen Unternehmen, das in einzelnen Abteilungen straff organisiert ist. Sabine ist privat begeisterte Tänzerin, durchaus talentiert und tanzt in einer Gruppe, die auch öffentlich auftritt. Das Tanzen ist für sie so wichtig, dass sie sich dauerhaft mit dem Gedanken an eine große Karriere in diesem Bereich beschäftigt. Die mittlerweile inflationär stattfindenden Casting-Shows im Fernsehen faszinieren sie, sodass sie den Entschluss fasst, daran teilzunehmen, sich bewirbt und für ein solches Casting angenommen wird.

Der Termin allerdings kollidiert mit beruflichen Terminen. Sabine weiß das, sucht aber nicht etwa das Gespräch mit den Vorgesetzten, um eventuell eine Lösung zu finden, sondern lässt sich krankschreiben und besucht das Casting. Dass diese Vorgehensweise ans Licht kommt, »verdankt« sie dem Umstand, dass sie vorher im öffentlich zugänglichen Intranet der Firma E-Mails geschrieben hatte, in denen sie ihren Auftritt ankündigt. Zusätzlich wurde sie beim Casting auch gesehen.

Mit diesen Tatsachen konfrontiert, reagiert Sabine frech; auch die zwangsläufige Abmahnung bringt sie nicht zur Raison, sondern bestärkt sie in der Meinung, ungerecht behandelt zu werden. Kurze Zeit, nachdem dieser Vorfall zu den Akten gelegt ist, tritt sie mit dem Vorschlag an die Geschäftsführung und ihren Ausbilder heran, sich mit dem Leiter der Tanztruppe in Verbindung zu setzen, um zu verhandeln, für wie viele Auftritte im Jahr sie von der Ausbildung freigestellt werden könne.

Das erste, gern benutzte Argument für Probleme mit Auszubildenden fällt in diesem Fall schon mal weg. Sabine hat keinen schwierigen Lebenshintergrund, kommt aus normalen, so genannten »gutbürgerlichen« Verhältnissen und ist vom Bildungsgrad durchaus in der Lage, Bedeutung und Organisation ihrer Ausbildung zu verstehen. Diese Umstände lassen vermuten, dass die Gründe für ihr Fehlverhalten woanders zu suchen sind.

Worin liegt dieses Fehlverhalten und welche Gründe lassen sich dafür finden? Folgendes kommt hier zum Tragen:

- *Sabine sucht für ihr Anliegen von Beginn an nicht das Gespräch mit den Vorgesetzten, sondern entscheidet sich gleich für die Mogelei.*
- *Für die Erkenntnis, dass eine nicht aus Krankheitsgründen erworbene Arbeitsunfähigkeitsbescheinigung Betrugscharakter hat und das Unternehmen schädigt, fehlt ihr jedes Unrechtsbewusstsein.*
- *Sie kündigt das Fehlverhalten öffentlich an, ohne über die Konsequenzen nachzudenken.*
- *Auf die Konsequenzen in Form von Gespräch und Abmahnung reagiert sie uneinsichtig und frech.*
- *Sie selbst zieht keinerlei Rückschlüsse aus dem Vorfall, sondern konfrontiert den Arbeitgeber im Gegenteil gleich mit neuen Forderungen.*

Zum Ausdruck kommt hier mehrfach das Ignorieren von Strukturen und Vorgaben innerhalb des Unternehmens, die ja nicht zur Drangsalierung der Mitarbeiter gedacht sind, sondern schlicht funktionierende Abläufe sicherstellen sollen. Es geht also zunächst einmal noch gar nicht darum, dass private Vorstellungen und Wünsche hier entscheidend mit den Anforderungen des Jobs kollidieren, sondern um das durch die mangelnde Reifeentwicklung hervorgerufene Nichtverstehen selbstverständlicher Abläufe in einer Firma.

Hätte Sabine die Firmen- oder Abteilungsleitung vorher kontaktiert, um zu klären, ob es eine Möglichkeit gibt, für die Zeit des Castings freizubekommen, hätte das zumindest schon mal gezeigt, dass ihr grundlegende Dinge des Arbeitslebens bewusst sind. Sie hätte die Vorgesetztenfunktion genauso anerkannt wie die Tatsache, dass sie ihre Vorhaben mit den Bedürfnissen des Arbeitgebers abstimmen muss. Anders gesagt, auf psychische Funktionen bezogen: Sie könnte erkennen, dass der Job wichtiger ist, und akzeptieren, dadurch bestimmt zu sein.

Das jedoch kommt ihr gar nicht erst in den Sinn. Der Lustfaktor »Casting« bestimmt ihr Denken und überlagert Verantwortlichkeitsgefühle gegenüber der Firma. Ihr Handeln weist darauf hin, dass sie nicht in der Lage ist, ihre eigene Zukunft im Blick zu behalten. Sie schadet ja letztlich mit der Abwesenheit nicht nur dem Betrieb, sondern auch sich selbst.

Hier sind also gleich mehrere psychische Funktionen nicht richtig ausgeprägt. Neben der fehlenden Akzeptanz von Fremdbestimmung fehlt die Gewissensinstanz, die den Betrug mit der Krankschreibung verhindern könnte. Es fehlt weiterhin die Fähigkeit, Eigenanteile in Konflikten zu sehen, was sowohl ihre unangemessene Reaktion auf die Kritik als auch die anschließende Forderung an den Betrieb, ihre Wünsche zu erfüllen und organisatorisch zu regeln, deutlich zeigen.

Darüber hinaus sieht man an diesem Beispiel sehr schön den Umgang mit Prioritäten. Sabine ist der Sport bzw. die eventuelle Casting-Show kurzfristig wichtiger als der Beruf, der ihren Lebensunterhalt langfristig sichert. Eine sinnvolle Unterscheidung in Lust- und Existenzbereich trifft sie nicht, sondern lässt sich nur davon leiten, was ihr für die direkte Bedürfnisbefriedigung am naheliegendsten erscheint.

Das Beispiel von Sabine, das wie alle Fälle in diesem Buch nicht konstruiert, sondern dem wirklichen Leben entnommen ist, kann als Musterbeispiel für die Entwicklung im Ausbildungsbereich gelten. Die Frage nach der Ausbildungsreife, die Definition dieses Begriffs überhaupt, bekommt dadurch eine ganz andere Dimension. War es bisher ausreichend, die so genannten Kulturtechniken des Lesens, Schreibens, Rechnens einzufordern und daneben diejenigen Auszubildenden auszusortieren, die grundlegendes Benehmen vermissen ließen, so müssen sich Ausbildungsverantwortliche in Betrieben heute auf eine ganz andere Betrachtungsweise der vorliegenden Phänomene einstellen und sich ein neues Bewusstsein für deren Einordnung und Auflösung aneignen.

Ein Kapitel in »Warum unsere Kinder Tyrannen werden« hieß »Bewusstwerdung geht vor Lösung«. An dieser Devise hat sich auch im vorliegenden Buch nichts geändert, aber neben den Hauptgruppen der Eltern, Erzieherinnen und Lehrer müssen eben auch Chefs, Ausbilder, Personalleiter, Berufsschullehrer und weitere mit der betrieblichen und überbetrieblichen Ausbildung befasste Personen diesen Bewusstwerdungsprozess durchlaufen.

Beziehung, Struktur, Führung

Erstes und wichtigstes Stichwort bleibt auch im betrieblichen Kontext die »Beziehung«. Der Umgang mit Auszubildenden sollte stets sehr beziehungsorientiert sein, gerade wenn etwas im Argen zu liegen scheint. Das Maß an gestalterischer Freiheit, das man einem Lehrling zugesteht, ergibt sich eigentlich intuitiv von ganz alleine. Man muss sich nur trauen!

Wenn Chef und Ausbildungsverantwortlicher von Beginn an merken, dass der neue Azubi gute Arbeit leistet und sozial integriert ist, spricht nichts dagegen, ihn schnell verantwortungsvollere Aufgaben ausführen zu lassen und ihm weitgehende Freiheiten zuzugestehen. Denn das ist der springende Punkt: Ein junger Mensch mit einer ausgereiften Psyche ist ja in der Lage, mit dieser Freiheit selbstbestimmt und verantwortungsbewusst umzugehen. Er missbraucht sie nicht zum Schaden von Kollegen oder des Betriebs und kann das ihm entgegengebrachte Vertrauen in seiner Bedeutung einschätzen. Ein Kleinkind kann das noch nicht in diesem Maße, und so gilt es auch für die in ihrer psychischen Reife nicht altersgemäß entwickelten Jugendlichen.

Dazu ein Beispiel aus dem Alltag eines ganz normalen Handwerksbetriebs:

Tim ist 17 Jahre alt, hat die Realschule abgeschlossen und nun eine Lehre in einem Handwerksbetrieb begonnen. Auffällig ist dabei, dass er grundsätzlich keinen Arbeitsauftrag ohne Nachfrage erledigt. Soll er einen Bohrhammer von der Stelle holen, wo dieser immer hängt, kommt so automatisch ein »Wo hängt der denn?«, dass die Kollegen schon Witze darüber machen.

Als Tim mit zu einer Baustelle fährt, auf der in insgesamt fünf Räumen gearbeitet wird, erhält er nach Abschluss der Arbeiten den Auftrag, mit Besen, Kehrzeug und Eimer die Räume grob zu säubern. Statt loszulegen, hält er inne, schaut den Gesellen an und fragt: »Alle?«

Unabhängig davon, ob die Reife vorhanden ist oder nicht, wird die strikt beziehungsorientierte Verhaltensweise in einem Betrieb immer wichtiger. Chef und Ausbilder müssen als Ansprechpartner und Bezugsperson für die Azubis klar erkennbar sein und zur Verfügung stehen. Ist das nicht der Fall, kann es zu erheblichen Problemen kommen, weil bei solchen für die Jugendlichen keine Anlaufstelle wahrnehmbar ist und sie ihren Frust dann in andere Kanäle leiten.

Junge Berufseinsteiger mit fehlender psychischer Reife neigen dazu, die Schuld für ihr Fehlverhalten grundsätzlich bei anderen zu suchen. Dadurch kann im Betrieb eine Vielzahl an Krisensituationen entstehen, sowohl zwischen Leitung und Azubi als auch im Verhältnis zu den Arbeitskollegen ohne Führungsaufgaben. Ein nicht unerheblicher Teil der viel diskutierten Mobbing-Welle kann dem zugerechnet werden. Junge Mitarbeiter ohne ausreichende Problemeinsicht sind sehr schnell mit dem Schlagwort Mobbing bei der Hand, wenn sie auf Kritik von außen stoßen. Dahinter verbirgt sich häufig eine Fixierung in der Allmachtsphase als Folge einer erlebten Verpartnerschaftlichung bereits im frühen Kindesalter.

Da dies heute in zunehmendem Maße gerade auf kleinere Betriebe zutrifft und dort die Arbeitsabläufe ganz empfindlich stören kann, ist es gut, wenn Vorgesetzte eine Vorstellung davon haben, dass das Verhalten junger Mitarbeiter auf unbewussten Defiziten basieren kann. Denn auf diese muss ganz anders reagiert werden als auf konkrete andere erkennbare Gründe für Fehlverhalten. Fehlverhalten aus einem konkreten, situationsbezogenen Anlass ist meist auch eher die Ausnahme, während es bei psychischer Unreife immer wieder zu den gleichen Situationen und wiederkehrendem Fehlverhalten kommt.

Vor diesem Hintergrund wäre es einem Vorgesetzten möglich, zum Beispiel respektlosem Verhalten von Auszubildenden nicht mit Aggressivität und Schuldzuweisung zu begegnen. Er könnte verstehen, dass es sich nicht um ein Verhalten aus Unerzogenheit oder Aufsässigkeit handelt. Somit wäre die Voraussetzung geschaffen, den Jugendlichen anzunehmen, ein engeres Beziehungsangebot zu machen, das heißt, den Jugendlichen stärker an sich zu binden und ihm mehr Orientierung und Struktur zu geben, ohne ihm sein Fehlverhalten durchgehen zu lassen.

Das könnte in dem einen oder anderen Fall dann vielleicht auch zu schönen Ergebnissen führen, wie in folgendem Beispiel geschildert:

Der Inhaber eines Getränke-Services erinnert sich an einen jungen Mann, den er vor einigen Jahren als Auszubildenden beschäftigt hat. Dieser war nie ein Vorzeige-Azubi, es gab immer mal wieder Probleme, aber schließlich schaffte er die Prüfung wenn auch nur mit Ach und Krach. Es gab Tage, an denen der Chef hätte aufgeben können, doch stattdessen unterstützte er ihn, wo er konnte, was auch zur Folge hatte, dass der junge Mann wenig Freiheiten im Betrieb genoss.

Zwei Jahre nach der Prüfung steht der mittlerweile im Getränke-Laden ausgeschiedene Mann wieder vor seinem Chef, strahlt ihn an und sagt wortwörtlich: »Danke, Herr Müller, dass Sie mich in den Hintern getreten haben! Ich bin nun Leiter eines Telekommunikationsgeschäftes und habe fünf Angestellte. Außerdem verdiene ich viel mehr, als ich jemals gedacht habe.«

Vielfach haben es Firmen heute mit Berufseinsteigern zu tun, die zwar grundsätzlich arbeitsfähig sind, jedoch aufgrund der Tatsache, dass sie in Beziehungsstörungen aufgewachsen sind, große Defizite in ihrem Verhalten aufweisen.

Diese machen die Zusammenarbeit mit ihnen oft unangenehm bis unmöglich – unabhängig davon, ob sie direkt nach der Schule oder erst nach einem Studium ins Berufsleben wechseln:

1. *Es fehlen psychische Funktionen wie Arbeitshaltung, Sinn für Pünktlichkeit, Frustrationstoleranz, Aushalten von Fremdbestimmung und einiges mehr. Die Fähigkeit, Abläufe und Strukturen zu erkennen, ist darüber hinaus nicht in ausreichendem Maße vorhanden.*
2. *Diese Gruppe ist von ihrem Selbstgefühl her omnipotent. Sie zeigt zu wenig Eigenreflexion oder Problemeinsicht, hat das Gefühl, alles zu können und alles zu wissen, und zwar vor allem besser als alle anderen.*

Hinsichtlich beider Schwierigkeiten gilt: Diese Gruppe braucht Beziehungsangebote. Chef und Ausbilder müssen in ihren Funktionen klar erkennbar auftreten. Gleichzeitig müssen sie jedoch auch die Hilfsbedürftigkeit dieser Mitarbeiter sehen, was durch die Reflexion der psychischen Hintergründe geschehen kann. Es ist im Grunde ganz einfach: Die Kenntnis der psychischen Hintergründe ermöglicht eine andere Haltung den jungen Menschen gegenüber. Fehlverhalten wird nicht mehr als absichtliche Provokation aufgefasst. Wer dies erkennt, hat damit bereits den Schlüssel zu einer Verbesserung der Situation in der Hand und kann so seine Bereitschaft zeigen, viel mehr Beziehungsarbeit zu leisten.

Für die ausbildenden Personen in den Betrieben heißt das, dass sie ihre Azubis (falls die beschriebenen Probleme auftreten, in anderen Fällen natürlich nicht) eng auf sich beziehen müssen. Durch diese Beziehung entsteht die Motivation, zunächst einmal anfallende Arbeiten auszuführen, um den Ausbilder oder Chef nicht zu erzürnen; denn diese Jugendlichen sind durch ihre fehlenden psychischen Funktionen noch nicht in der Lage, die zugewiesenen Aufgaben aus eigener Einsichtsfähigkeit zu erledigen.

Zwar sind jugendliche Berufseinsteiger längst dem Kleinkindalter entwachsen, doch bedingt die Stagnation des psychischen Reifeprozesses durch eine partnerschaftlich geprägte Beziehungsstörung die Fortsetzung kleinkindlicher Motivationsstrukturen: Statt aus eigener Einsichtsfähigkeit in die Notwendigkeit handeln Kleinkinder ausschließlich, um den Erwartungen ihrer Eltern oder anderer Bezugspersonen zu entsprechen.

Von Berufseinsteigern müsste man annehmen können, dass sie eine Eigenmotivation dem Alter gemäß aufbringen. Das Zurückbleiben auf frühkindlichem psychischem Niveau macht dies jedoch oftmals extrem schwierig.

Wenn ein Ausbilder solche Handlungen vor diesem Hintergrund erkennen würde, könnte er mit einem ganz anderen Ansatz auf seine Azubis zugehen. Er muss sich, wenn er sehr eng führt, nicht innerlich dafür rechtfertigen, erwachsenen Menschen vielleicht mit einer Haltung gegenüberzutreten, die ihrem Alter nicht entspricht. Denn er weiß dann, dass seine Haltung dem psychischen Alter der Jugendlichen voll und ganz gerecht wird und ihnen hilft. Der Effekt für den Betrieb stellt sich gleichermaßen im Anschluss von selbst ein.

Die Funktion des Ausbilders ist also in einem solchen Fall um eine Komponente erweitert, die in den kommenden Jahren eine immer zentralere Rolle einnehmen wird und daher zum Gegenstand von Ausbildereignungsprüfungen werden sollte. Er muss die Situationen erkennen und richtig deuten, dann Orientierung bieten, den Arbeitsalltag der Einsteiger strukturieren und so einteilen, dass in jeder Minute klar ist, was als Nächstes zu geschehen hat.

Es könnte sein, dass eine solche Betrachtungsweise zunächst einmal Irritation auslöst, möglicherweise sogar Befremden. Erwachsene Menschen kann man so nicht behandeln, könnte eine Reaktion sein, der sich Vorgesetzte gegenübersehen, wenn sie nach dem genannten Maßstab handeln. Erschwerend könnte hinzukommen, dass diese Kritik sehr häufig vermutlich von Eltern der Auszubildenden kommen wird, die ihre Kinder unangemessen behandelt sehen und vielleicht sogar gegen die Firma vorgehen.

Diese Befürchtungen sind durchaus berechtigt, und es gibt wohl auch keine Patentlösung dafür, wie damit umzugehen wäre. Auszubildende, die von solch enger Führung profitieren würden, sind gerade jene mit Eltern, welche die Anteile ihrer Kinder an Konflikten nicht sehen können (»So etwas macht mein Kind nicht!«). Es wird klar, dass man durchaus mit Widerspruch rechnen muss, wenn man als psychisch unreif erkannte Auszubildende mittels enger Führung die notwendige Unterstützung angedeihen lässt.

Dazu ist es wichtig, dass auch innerhalb der Firma Übereinstimmung herrscht und alle sich nach dem gleichen Konzept richten. Es ruft nur neue Kommunikationsstörungen hervor, wenn der Ausbilder eng führen will und der Chef dagegen scheinbar alle Freiheiten lässt.

Gelingt es der Firma, diese Art des Umgangs mit den Auszubildenden, die erkennbare Probleme haben, einzuführen, bestehen gute Chancen, den Nachreifungsprozess entscheidend zu unterstützen. Im weiteren Verlauf der Ausbildung würde sich dann tatsächlich Eigenmotivation entwickeln; der sukzessiven Herausbildung größerer Freiheiten und Eigenständigkeiten stünde nichts mehr entgegen.

Wir betonen an dieser Stelle den Begriff der Eigenmotivation. Es gehört zu den Schwierigkeiten, denen Vorgesetzte sich ausgesetzt sehen werden, Eigenmotivation zu unterscheiden von Fähigkeiten, die sich Auszubildende aufgrund ihres omnipotenten Selbstbildes selbst zutrauen, ohne aber zwangsläufig willens zu sein, auch entsprechend zu handeln.

Denn eines ist vollkommen klar: Wer von sich selbst das Bild hat, sich eine Welt nach eigenem Willen formen zu können, kann nach außen zunächst mal sehr überzeugend wirken.

Wie sich mangelnde psychische Reife konkret im Verhalten ausdrückt, ist eben unterschiedlich, und diese verschiedenen Ausdrucksweisen machen es für den Betrieb nicht einfacher. Ein Azubi, der motiviert wirkt, kann genauso betroffen sein wie einer, dem jede Bewegung zu viel zu sein scheint.

Die große Frage ist, wie dieser Erkenntnisprozess von Führungskräften in Unternehmen überhaupt geleistet werden kann, ohne dass die sonstigen Arbeitsprozesse darunter leiden. Hilfreich ist es sicher, eine Liste von Begriffen zu erstellen, die für den Umgang mit auffälligen jungen Berufseinsteigern wichtig sind. Dies sind Begriffe wie:

- *Beziehung*
- *Anleitung*
- *Einübung und Wiederholung*
- *Engmaschige Begleitung*
- *Realistische Spiegelung*
- *Struktur im Sinne von Orientierung und Halt*
- *Schrittweiser Lernaufbau*

Diese Liste kann als Handreichung dienen, um sich immer wieder bewusst zu machen, wie den jungen Leuten geholfen werden kann. Der Auszubildende sollte ganz selbstverständlich an die Hand genommen werden; er muss sich dabei angenommen und geachtet fühlen.

Auf den Ausbilder kommt eine neue Aufgabe zu, die Nachreifung mancher Auszubildender. Hierzu müsste das Problem auch auf der Ebene der Betriebsleitung erkannt werden. Für diesen Nachreifungsprozess benötigt er nämlich mehr Zeit. Den oftmals als Provokationen empfundenen Verhaltensweisen und Äußerungen dieser Jugendlichen muss er mit einer inneren Abgegrenztheit begegnen können.

Dabei geht es nicht allein darum, dem Auszubildenden seine Grenzen aufzuzeigen. Das ist sicher auch bisweilen notwendig, jedoch eher Bestandteil einer speziellen Ausbildungspädagogik, um die es sich an dieser Stelle ausdrücklich nicht handelt. Solche pädagogischen Ansätze sind nicht ausreichend geeignet, das Problem der Nachreifung zu lösen, da sie bereits einen Reifegrad voraussetzen, den diese Jugendlichen eben nicht vorweisen können.

Ohne den Blick auf die persönliche Reife besteht verständlicherweise die Gefahr, sich vom Verhalten der Auszubildenden ständig provoziert zu fühlen und sich auf Streit einzulassen. Dem Jugendlichen würde man dabei aber sein frühkindliches Selbstbild, in welchem er alle steuern kann, nur bestätigen. Wer die Hintergründe jedoch verstanden hat, bekommt einen ganz anderen Blick für die Problemlage und fühlt sich schon allein deshalb nicht provoziert. Damit wird er für die Jugendlichen ein viel klareres Gegenüber.

In diesem Verhältnis wird der Auszubildende vieles dem Ausbilder zu Gefallen ausführen und sich an ihm orientieren. Er erfährt auf der Beziehungsebene, was er richtig oder auch falsch gemacht hat, er bekommt Lob und fühlt sich nicht mehr überfordert oder unverstanden. Er wäre damit deutlich motivierter und könnte mit der Zeit zum Beispiel eine Fremdbestimmung besser akzeptieren, eine Zunahme der Frustrationstoleranz erfahren und eine positivere Arbeitshaltung gewinnen.

In diesem Zusammenhang ist es zumindest bemerkenswert, dass seit dem Jahr 2009 die Ausbildereignungsprüfung wieder eingeführt wurde, die seit 2003 ausgesetzt war. Mit der Hoffnung, damit zusätzliche Ausbildungsstellen zu schaffen, war man sich einig geworden, dass die Prüfung nicht mehr zwingend notwendig sei, um vernünftige Ausbildung gewährleisten zu können.

Das Bundesministerium für Bildung und Forschung hat eine Studie in Auftrag gegeben, mit der die Auswirkungen des Wegfalls der Ausbildereignungsprüfung evaluiert werden sollten. Die Ergebnisse in qualitativer Hinsicht sind eindeutig:

»Die Ausbildungsberater und -beraterinnen der Kammern wurden ebenfalls gefragt, inwieweit sich die Qualität der betrieblichen Ausbildung in Betrieben mit nach AEVO [Ausbildereignungsverordnung, MW/IT] qualifiziertem Personal von der in Betrieben ohne solche Fachkräfte unterscheide. 80 % der Befragten sagten, dass es in diesen Betrieben vor allem einen höheren Beratungsbedarf gebe. Rund 30 % gaben an, dass auch qualitative Unterschiede wahrzunehmen seien. So sei die Ausbildungsqualität generell schlechter (32 %), es gebe häufiger Konflikte zwischen Ausbildungspersonal und den Auszubildenden (37 %), die Zahl der Schlichtungen sei höher (28 %) und Ausbildungsabbrüche kämen häufiger vor (28 %).«[12]

Ein wichtiger Schritt würde nun sein, die Ausbildung der Ausbilder und die dazugehörige Prüfung darauf hin abzuklopfen, welcher Stellenwert der Persönlichkeitsbildung bei den Azubis dabei zugemessen wird. Das könnte erste Rückschlüsse erlauben, wo sich Ansätze von Vermittlung von Wissen zum Thema psychischer Unreife integrieren ließen. Erkannt worden sein kann dieses Problem in der aktuellen Ausbildereignungsverordnung natürlich noch nicht; die Erkenntnisse, die dieses Buch bietet, könnten dazu den Weg bereiten.

In jedem Fall kann die Liste dazu beitragen, sich immer wieder auf einen bestimmten Umgang mit Einsteigern zu besinnen. Stichwort »Lernaufbau« etwa: Es ist immer mehr zu beobachten, dass Azubis in Firmen kommen und dort gleich »alles« gleichzeitig tun bzw. die verschiedensten Dinge

12. Ulmer, Philipp und Peter Jablonka: Mehr Ausbildungsbetriebe – mehr Ausbildungsplätze – weniger Qualität? BIBB-Report Ausgabe 3/07. http://www.bibb.de/de/32006.htm.

in kürzester Zeit machen sollen. Das ist für fitte und psychisch reife Jugendliche vielleicht noch zu leisten, sinnvoll ist es allerdings auch für diese nicht. Junge Menschen mit psychischen Entwicklungsverzögerungen allerdings könnten durch solche Anforderungen in ihrem omnipotenten Selbstbild sogar noch bestätigt werden, was auch weiterhin gesunde Nachreifung verhindern würde.

Lernaufbau bedeutet im Grunde etwas ganz Simples und muss nicht mit Theorie überfrachtet werden. Im Interesse psychisch unreifer Auszubildender bedeutet Lernaufbau: Strukturiertheit, Schritt für Schritt lernen. Abläufe in der Ausbildung müssen für die Azubis nachvollziehbar sein und orientierend wirken. Für reife Azubis ist das von großem Vorteil, für unreife absolut unerlässlich.

Praxis: Die time-out-Schule in der Schweiz

Zum besseren Verständnis des vorher Gesagten möchten wir noch ein Beispiel dafür bringen, wie versucht werden kann, die Prinzipien engmaschiger Führung zum Zweck der Nachreifung praktisch umzusetzen. Es geht dabei um die Arbeit mit Jugendlichen, die bereits als nicht mehr beschulbar beurteilt wurden und denen geholfen werden soll, wieder in die Schule integriert zu werden. Also letztlich genau um die Gruppe, die in den kommenden Jahren immer größer werden wird und trotz fehlender psychischer Voraussetzungen auf den Arbeitsmarkt drängt.

Das Beispiel stammt aus der Schweiz. Man hat dort eine time-out-Schule gegründet, um diesen Jugendlichen zu helfen. Die Maßnahme dauert bis zu sechs Monate und könnte nach den bisherigen Erfahrungen zeigen, dass im Anschluss ein hoher Prozentsatz der jungen Leute in das normale Arbeitsleben integrierbar wäre.

Das Beispiel fängt scheinbar ganz »normal« an:

Marc kommt als neuer Schüler in die genannte Maßnahme. Am dritten Tag soll er den ganzen Vormittag in einer Gärtnerei verbringen, um dort im Garten zu arbeiten. Marc kommt prompt zehn Minuten zu spät, hält es allerdings nicht für notwendig, sich dafür zu entschuldigen. Als der Chef ihm bedeutet, das ginge so nicht, behauptet er, der Bus sei eben nicht früher gekommen. Der Chef geht darauf ein und macht klar: »Der Bus ist nicht das Thema, richte Dich so ein, dass Du rechtzeitig hier bist!« Antwort des Schülers: »Sie haben mir gar nichts zu sagen, ich habe keine Chefs, ich gehe wieder!« Daraufhin hält der Gärtner ihn am Arm fest, sagt: »Ich bin der Chef, und Du bleibst hier!« Der Schüler, der sonst vor allem dadurch auffällt, dass er überall kommt und geht, wie und wann er Lust hat, wirkt irritiert, bleibt aber den Vormittag über dort und erledigt die Arbeit.

Nachmittags steht der schulische Teil auf dem Plan. Der junge Mann kommt erneut zehn Minuten zu spät. Das gleiche Spiel beginnt: Die Lehrerin, die vom Vormittag noch nichts weiß, gibt ihm zu verstehen, dass die Verspätung inakzeptabel ist und die Zeit nachgeholt werden muss. Antwort: »Der Bus ist nicht früher gekommen!« Reaktion der Lehrerin: »Der Bus interessiert hier nicht, richte Dich so ein, dass Du rechtzeitig hier bist!« Daraufhin (man ahnt es an dieser Stelle schon fast …) sagt er: »Sie haben mir gar nichts zu sagen, Sie sind nicht meine Chefin«, und die Lehrerin antwortet: »Ich bin Deine Chefin, und Du bleibst hier!«

Danach startet der Neuling noch einen Versuch, verweist auf den Griff an den Arm und behauptet, der Gärtner habe ihn tätlich angegriffen; er wolle daher nun zur Polizei gehen. Von Letzterem hält ihn der Hinweis ab, dass er am nächsten Tag wieder dort arbeiten müsse.

Dann, so die Reaktion, werde er einfach den Vorfall vergessen und so tun, als wenn nichts gewesen wäre. Die Lehrerin macht ihm daraufhin klar, dass auch dieses Vorhaben inakzeptabel ist und er das persönlich mit dem Gärtner klären müsse. Allerdings erst, nachdem er ordnungsgemäß die Aufgaben in der Schule erledigt hat.

Nach Feierabend weist sie ihn erneut auf das ungeklärte Problem hin. Er will nicht, beharrt wieder darauf, dass sie nicht seine Chefin sei. Antwort: »Doch, ich bin Deine Chefin, und wir gehen dort jetzt zusammen hin.«

Die Konfrontation mit dem Gärtner findet also statt. Der junge Mann erklärt seinen Standpunkt, gesteht zu, dass das Zuspätkommen ein Fehler gewesen sei, aber er nicht angerührt werden dürfe und den Gärtner dafür anzeigen könne. Dieser reagiert ruhig, gibt seinerseits zu, dass es nicht richtig war, den Jungen am Arm zu fassen, erklärt aber auch seine Beweggründe: »Ich war wütend, weil Du Dich so frech und arrogant verhalten hast, vermutlich würde ich es auch wieder tun.« Dann folgt noch einmal der Hinweis, dass er der Chef sei und der Schüler gerne wiederkommen dürfe, sich aber dann an die Regeln des Betriebes zu halten habe.

Am nächsten Tag erscheint Marc eine Viertelstunde zu früh im Betrieb.

Hier wird beispielhaft vorgeführt, was erreicht werden kann, wenn man die richtigen Ansatzpunkte findet. Marc ist vollkommen grenzen- und respektlos, als er in diese Klasse kommt. Autoritäten sind ihm egal; die Erfahrung, die er offensichtlich sein Leben lang gemacht hat, ist die, dass alles sich nach seiner Nase richtet und große Widerstände nicht zu erwarten sind. Anders formuliert: Er hat scheinbar noch nie bzw. zu selten Erwachsene als Gegenüber erlebt, die sein Handeln maßgeblich beeinflussen. Seine Psyche reagiert also auf Forderungen von außen immer noch so wie die eines Kleinkindes, indem sie solche Anforderungen als irrelevant zurückweist.

Ein paar Aspekte dieses Beispiels sind es wert, näher betrachtet zu werden. Zunächst einmal wird hier klar, was es bedeutet, über die Beziehung zu lernen bzw. junge Menschen über die Beziehung nachreifen zu lassen. Der Gärtner reagiert sofort auf die Respektlosigkeit des Schülers, ebenso die Lehrerin. Marc wird vom Ausbilder und Lehrer in einer annehmenden Weise konfrontiert; sie zeigen eine hohe Präsenz, legen das Problem offen und sind dem Jugendlichen ein klares und einheitliches Gegenüber. Marc hat gar keine Möglichkeit, sich mehr oder weniger elegant aus der Affäre zu ziehen, wie er es bisher gewohnt war. Er sieht sich gezwungen, in Kontakt zu bleiben, das Gegenüber wahrzunehmen und auf dessen Anforderungen zu reagieren.

Diese Erfahrung bringt natürlich nicht beim ersten Mal den durchschlagenden Erfolg (und vielleicht auch beim zweiten und dritten Mal nicht). Aber im Konzept dieser time-out-Klassen ist vorgesehen, dass es jeden Tag im gleichen Modus weitergeht. Dadurch erfolgt eine Klarstellung der Ebenen und Personen, die sich mit jeder neuen Erfahrung weiter verfestigt. Probleme werden geklärt und nicht umgangen; für Marc ist damit Klarheit und Struktur in einem Maß vorhanden, wie er es nie zuvor erfahren durfte. Ebenfalls nicht zu unterschätzen ist die Tatsache, wie sehr Schule und begleitender Betrieb hier an einem Strang ziehen. Die Abläufe und Reaktionsweisen der Lehrerin decken sich – zum Teil bis in einzelne Formulierungen hinein – mit denen des Gärtners. Marc hat auf diese Weise keine Chance, irgendwo einen Keil zwischen beide Stellen zu treiben, sondern erfährt im Gegenteil quasi eine Verdoppelung der Reaktionsweisen.

Das ist umso wichtiger, als die Zusammenarbeit von Betrieb und Schule eine der Sollbruchstellen heutiger Ausbildungssysteme darstellt. Hier kann alles scheitern, wenn nach unterschiedlichen Konzepten mit den jungen Leuten umgegangen wird. Für die Berufsausbildung in Deutschland, für das duale System ist diese Erkenntnis enorm wichtig; nicht immer hat man hier das Gefühl, dass die Kommunikation zwischen beiden Ausbildungsinstanzen so gut klappt, dass ebenfalls ein solcher Verdoppelungseffekt eintreten könnte. Und doch ist unter anderem genau das gemeint, wenn von engmaschiger Führung die Rede ist. Nur wenn alle Beteiligten in dieselbe Richtung denken und arbeiten, gehen die jungen Leute auf dem Weg in den Arbeitsmarkt nicht endgültig verloren!

Exkurs: Wie der Nachreifungsprozess konstruktiv ausgebaut und umgesetzt werden kann

Ein Grundgedanke, der sich durch dieses ganze Buch zieht, ist dieser: Alle Modelle, in denen über Wege nachgedacht wird, junge Berufseinsteiger zu motivieren und im Job besser zurechtkommen zu lassen, drohen zu scheitern, so lange nicht gesehen wird, dass die psychischen Grundlagen der jungen Menschen nicht solchen Modellen entsprechen. Nachhaltige Wirkung wird sich erst einstellen, wenn erkannt ist, dass den Ausbildern heute eine relativ neue Generation von Azubis gegenübertritt, in der der Anteil unreifer Jugendlicher enorm gewachsen ist.

Nichtsdestotrotz lassen sich natürlich auch Aussagen darüber treffen, wofür die Bemühungen um Nachreifung der jungen Menschen eigentlich gut sind. Was ist möglich, wenn Ausbilder ihr Bewusstsein erweitern und die Arbeit an der psychischen Reife »ihrer« Azubis zu einem ihrer Hauptaufgabengebiete erklären?

Dabei spielen zwei Faktoren eine wichtige Rolle:

- *Langfristige Motivation und Sinnvermittlung*
- *Übung*

Was das bedeutet, hat der Psychologe Gary McPherson 2001 in einem interessanten Experiment gezeigt. Dabei ging es darum herauszufinden, warum bestimmte Kinder ein Musikinstrument besonders gut lernen und andere nicht. McPherson konnte bei seinen 157 zufällig ausgewählten Testkindern diverse soziale (Familieneinkommen) und individuelle (Intelligenz/Gehör) Einfluss-Komponenten ausschließen, um zu einem überraschenden Ergebnis zu kommen.

Den Unterschied machte eine scheinbar unbedeutende Frage aus, die die Kinder ganz zu Beginn beantworten mussten. Dabei sollten sie eine Einschätzung abgeben, wie lange sie wohl das Instrument spielen werden, nur »während der Grundschulzeit«, »während der gesamten Schulzeit« oder gar »das ganze Leben lang«. Zusätzlich unternahm McPherson eine Einteilung der Kinder anhand der wöchentlichen Übungsdauer. Dabei unterschied er in die Kategorien »wenig« (20 Minuten), »mittel« (45 Minuten) oder »viel« (90 Minuten).

Als McPherson schließlich beides zusammenführte und die Übungsdauer mit der angegebenen voraussichtlichen Gesamt-Spieldauer verglich, zeigte sich ein unübersehbarer Zusammenhang. Die Kinder, die angegeben hatten, ihr ganzes Leben lang das Instrument spielen zu wollen, waren vollkommen unabhängig von der Übungsdauer die besten Spieler. Zusätzlich verbesserte sich ihr Leistungsvermögen mit längerem Üben überdurchschnittlich im Vergleich zu den Kindern, die eine begrenzte Perspektive für das Spielen des Instrumentes genannt hatten. Auch konnte festgestellt werden, dass die Kinder, die lediglich während der Grundschulzeit das Instrument spielen wollten, trotz intensiver und deutlich verlängerter Übung kaum besser wurden.

Aus diesem Experiment resultiert ein ganz anderer Blick auf die Themen Übung und Motivation bzw. deren Verbindung, als wir ihn uns angewöhnt haben. Nicht nur »Übung macht den Meister«, sondern erst das genaue Schauen auf die eigene Motivation macht die Übung zum Turbolader für das Erlernen neuer Fähigkeiten.

All dies in Verbindung mit dem Grundthema dieses Buches zu bringen, könnte für Ausbilder und Chefs wirklich neue Perspektiven öffnen. Es bringt nichts, Auszubildende mit offenkundiger psychischer Unreife von morgens bis abends üben zu lassen. Es wird sich dadurch nichts verbessern, Frust und Belastung für alle Beteiligten werden nur immer größer. Es bringt auch nichts, diese Auszubildenden bei ihrer Motivation packen zu wollen, da diese scheinbar vorhandene Motivation nur oberflächlich ist und bei geringster Belastungsprobe zusammenbricht wie das sprichwörtliche Kartenhaus.

Schaffen wir es jedoch, das Bewusstsein für die psychischen Defizite vieler Auszubildender zu wecken und das Verhalten von Ausbildern und Chefs dahingehend zu modifizieren, kann anschließend mit den eben beschriebenen Erkenntniszusammenhängen im Bereich Motivation und Übung sehr viel mehr erreicht werden als über Modelle, die das eine unabhängig vom anderen sehen.

Ein Beispiel zum Thema Motivation kommt aus der Baubranche:

Seit etwa zwei Jahren absolviert Martin seine Lehre in einem Tiefbauunternehmen. Zu Beginn der Ausbildung war er 16 Jahre alt. Bereits im vorangehenden Praktikum wirkte er sehr still. Allerdings war es kein Problem für ihn, nach Anweisungen Arbeiten auszuführen, sodass es zu dem Ausbildungsverhältnis kam.

Seitdem wird die Zusammenarbeit mit ihm immer schwieriger. Auf der Baustelle steht er meist auf seine Schaufel gestützt und schaut den Kollegen lieber bei der Arbeit zu, anstatt sie zu unterstützen. Bisweilen wirkt er, als befinde er sich in seiner ganz eigenen Traumwelt. Seine Arbeitsweise ist extrem langsam; diesen Eindruck stützt auch das Berufsbildungszentrum, in dem Martin die überbetrieblichen Maßnahmen absolviert.

Dazu kommt noch das schlampige Führen des Berichtsheftes, das in diesem Zustand nicht einmal für die Zulassung zur Prüfung ausreichen würde. Obwohl die Geschäftsleitung Mar-

tin bereits mehrfach aufgefordert hat, das Heft in Ordnung zu bringen und er diesbezüglich sogar eine Abmahnung kassierte, ändert sich am Status quo so gut wie gar nichts. Die erste richtige »Ohrfeige« kam dann in der Zwischenprüfung. Dort reichte es nur zu einem »mangelhaft«.

Der Betrieb gibt ihm trotzdem weiterhin eine Chance. Allerdings weigern sich die Poliere mittlerweile, ihn länger als zwei Wochen in ihre Kolonnen aufzunehmen, da er sich durch seine Verträumtheit immer wieder selbst körperlich in Gefahr bringt. Wiederholt kommt es zu Vorfällen, bei denen er nicht einmal registriert, dass große Baumaschinen sich auf ihn zu bewegen; die latente Gefahr, einmal von einer Baggerschaufel erwischt zu werden, ist immer vorhanden. Was alle Mitarbeiter des Betriebs aber vollkommen sprachlos macht: Ist die Arbeitszeit vorbei, rennt Martin zum Bauwagen, um seine Sachen zu holen und mit seinem Cross-Fahrrad mit hoher Geschwindigkeit nach Hause zu fahren.

Einen interessanten Ansatz, wie in der Praxis an den Defiziten von Jugendlichen in der Zeit des Übergangs zwischen Schule und Arbeitsleben gearbeitet werden kann, bieten Projekte wie zum Beispiel »Du bist Zukunft«, das die Bertelsmann AG initiiert hat und aktuell durchführt. Als Zielgruppe werden neben aus anderen Gründen benachteiligten Jugendlichen diejenigen genannt, die »noch nicht die nötige Berufsreife erlangt haben«.

Gearbeitet werden soll u. a. an folgenden Punkten:

- *Motivation*
- *Selbst- und Fremdwahrnehmung/Umgang mit Kritik*

- *Selbstsicherheit/Umgang mit Gefühlen*
- *Kommunikation/Körpersprache*
- *Konfliktfähigkeit/Teamfähigkeit*
- *Selbstmanagement*

Diese wie auch vergleichbare Initiativen können aus unserer Sicht zukunftsweisend sein. Sie zeigen zum einen auf, dass wir es mit einem neuen Problem zu tun haben, nämlich mit Jugendlichen, denen eindeutig eine Arbeitsfähigkeit oder auch Ausbildungsreife fehlt. Sie wären so, wie sie sind, nicht in eine Firma integrierbar; ohne diese Initiative wahrscheinlich ihr Leben lang nicht. Hier jedoch wird mit einem entsprechend hohen Personalschlüssel gearbeitet, der auf der Beziehungsebene eine klare Vorgabe von Struktur ermöglicht, um diesen Jugendlichen zu helfen. Auf diese Weise werden Nachreifungsprozesse in Gang gesetzt und ermöglicht.

Die Erklärung, die Ursache der Defizite in der fehlenden psychischen Reife zu sehen, bestätigt die Notwendigkeit der dort stattfindenden Arbeit und untermauert diese. Die Idee, bei den Jugendlichen zunächst die Entwicklung einer Ausbildungsreife vorzuschalten, bevor sie in den Betrieb gehen, ist ein denkbares Modell. Sollte jedoch die Befürchtung einer deutlichen Zunahme dieser Problematik zutreffen, müssten derartige Konzepte in die Ausbildung allgemein integriert werden.

Baustelle Berufsschule – Was hier im Argen liegt

Mittwoch Vormittag, dritte Stunde in der Berufsschule einer mittelgroßen deutschen Stadt. Der Lehrer stellt eine Frage, schaut in die Runde, in der nie endenden Hoffnung, dass sich einer der Schüler aufraffen möge, sich zu melden und einen Antwortversuch zu wagen. Doch nichts passiert. Die Finger bleiben unten, bleiernes Schweigen liegt schwer auf der Gruppe, und der Lehrer hat wieder ein ganz klein wenig Idealismus verloren.
Ein seit über 16 Jahren tätiger Berufsschullehrer aus dem Rheinland formuliert das so:

> »Wer zeigt, dass er lernen möchte, hat einen schweren Stand. Blicke gehen zur Decke, etliche Mitschüler stöhnen auf, wenn der ›Eine‹ sich wieder mal am Unterricht beteiligt. ›Streber!‹, kommt es dann von allen Seiten, oder ›Chill ma!‹. Allein schon die Tatsache, sich einfach nur normal und unterrichtsgemäß zu verhalten, reicht schon aus, um Anlass für heftiges Mobbing zu geben. Und die vielen, die irgendwie dazwischen stehen, halten sich zurück, nach dem Motto: ›Bloß nicht auffallen, sonst bin ich der Nächste.‹ Für den Lehrer heißt das: ganz viel Zeit in die Kompensation der atmosphärischen Störungen investieren.«

Gespräche mit Berufsschullehrern enthalten sehr häufig solche Beschreibungen, die zum Teil bloße Resignation verraten. Dabei ist die steigende Tendenz der letzten Jahre deutlich zu merken und ein Zeichen dafür, dass die psychisch nicht ausgereiften jungen Menschen langsam aber sicher den Arbeitsmarkt erreichen.

Diese Entwicklung erstreckt sich auf alle Berufsbilder und betrifft alle Angebote, die es im Berufsbildungsbereich gibt. Es beschränkt sich also nicht auf Problemgruppen, die aus den unterschiedlichsten Gründen die Integration in den Arbeitsmarkt nicht schaffen. Die beschriebenen Phänomene gelten ebenso für Schüler in Vollzeit-Schulausbildungen wie auch für die Auszubildenden, die im Rahmen des dualen Systems zusätzlich zur Lehre die Berufsschule besuchen.

Immer wieder wird darauf hingewiesen, dass durchaus bewusst und gezielt versucht wird, den Unterricht zu verhindern. Unterrichtswillige Schüler und Lehrer verbrauchen einen großen Teil ihrer Energie, die eigentlich für die Aufnahme von Bildungsinhalten reserviert sein sollte, dafür, einen halbwegs geordneten Unterricht gegen die Störer durchzusetzen. Partiell gibt es schon Forderungen, alle Lernwilligen der verschiedenen Klassen zusammenzuziehen, um eine Klasse zu bilden, in der es vorangeht. Der Rest, so ist dann zu hören, könne erst einmal in spezielle Fördereinrichtungen gehen, um vielleicht irgendwann beschulbar zu sein.

Dieser Eindruck besteht mittlerweile übergreifend über alle Bereiche; es ist nicht so, dass diejenigen, die im dualen System neben der Schule auch eine Lehrstelle im Betrieb haben, deswegen motivierter wären. Reichte es früher, bei Unterrichtsstörungen anzukündigen, sich mit dem Chef im Betrieb über das Verhalten des Auszubildenden zu unterhalten, so verpuffen solche »Drohungen« heute oftmals ohne jede Wirkung. Die Schüler vermitteln den Eindruck, dass es ihnen vollkommen egal sei, ob sie ihre Lehrstelle verlieren oder nicht.

An dieser Stelle deshalb ein Beispiel über das offensichtliche Desinteresse und das fehlende Pflichtbewusstsein bzw.

Verantwortungsgefühl eines angehenden Medienkaufmanns:

Thomas, 20, macht eine Ausbildung zum Medienkaufmann. Er hat häufige Krankheitstage und bekam schon – nachdem er das ein oder andere Mal vergessen hat, eine Krankmeldung abzugeben – einige Tage Urlaub abgezogen, um die Fehlzeiten zu kompensieren. Auch sonst hat er häufig Mühe, auf seine Sollarbeitszeit zu kommen, weil er morgens (in der Firma gilt eine großzügige Gleitzeitregelung) häufig erst nach 10 Uhr kommt und abends dennoch gerne nicht allzu spät wieder geht. Als er sich beim Klettern mit seinen Freunden das Knie verletzt und eine Untersuchung in einer orthopädischen Praxis ansteht, fragt er in der Personalabteilung an, ob die Zeit, die er in der Arztpraxis verbringt, denn Arbeitszeit sei. Als die Antwort negativ ausfällt, ist er sehr verärgert und reagiert verständnislos: »Wieso denn das, die Zeit ist doch für mich verloren und geht dann von meiner Freizeit ab?«

Viele Berufsschullehrer machen heute mit ihren Schülern zunehmend ähnliche Erfahrungen echten Desinteresses. Das geht so weit, dass viele von ihnen langsam aber sicher die Hoffnung auf eine Wende zum Besseren verlieren, weil sich die Auswirkungen der Entwicklungsstörungen Heranwachsender dabei immer deutlicher zeigen.

Die Ankündigung, den Chef zu informieren, kann bei einem psychisch im frühkindlichen Narzissmus fixierten Menschen nicht die gewünschte, »normale« Reaktion hervorrufen. Dieser merkt den »Schuss vor den Bug« gar nicht, weil er keine ausreichende Möglichkeit zur Problemeinsicht hat. Um den entsprechenden Schluss aus der Warnung des Lehrers ziehen zu können, müsste er ja über die Fähigkeit verfügen, die Konsequenzen seines Tuns in der näheren und mittleren Zukunft (Verlust der Lehrstelle, erneute Bewerbungsphase, evtl. Arbeitslosigkeit, weniger Geld etc.) einzuschätzen.

Könnte er das, wäre es ein Leichtes, Korrekturen am eigenen (Fehl-)Verhalten vorzunehmen. Fehlt jedoch die Wahrnehmung von Eigenanteilen in Konflikten, wird auf solche Dinge eben gar nicht reagiert.

Diese Jugendlichen kreisen nur noch um sich selbst und verbleiben in der Vorstellung, es werde sich alles von alleine regeln.

Man kann vielleicht nicht oft genug und deutlich genug darauf hinweisen, dass es sich hierbei nicht um ein bewusstes »Blocken« dieser Jugendlichen handelt, auch nicht um im Umfeld erlernte Strategien. Ihnen ist nicht ausreichend bewusst, dass ihr Verhalten sie in die Irre führt und ihr weiteres Leben negativ beeinflusst. Sie sind in Selbstbildern fixiert, die denen von Kleinkindern entsprechen. In diesen sind sie die Bestimmer und müssen keine Beeinflussung von außen dulden.

Nur Erwachsene, die das Kind als Kind sehen, sich also in keiner Beziehungsstörung befinden, handeln dem Kind gegenüber intuitiv. Sie sind somit in der Lage, sich entsprechend der jeweiligen Entwicklungsphase des Kindes angemessen zu verhalten. Nur so kann das Kind psychisch reifen und eine Erweiterung seines Selbstbildes erleben. Wenn jedoch aufgrund einer unbewussten Beziehungsstörung der Erwachsene sich permanent vom Kind steuern lässt, kann das Kind sich nicht weiterentwickeln und verbleibt in frühkindlichen Selbstbildern.

Dass immer mehr Kinder und Jugendliche in ihrem Verhalten auffällig sind, ist sicherlich auch im Schulministerium bekannt. Dies zeigt zum Beispiel der Erlass in Nordrhein-Westfalen, mit dem jetzt Kopfnoten zur Beurteilung von Sozialverhalten, Leistungsfähigkeit und Zuverlässigkeit eingeführt wurden.

Gegen Kopfnoten ist nichts einzuwenden. Bei normaler Reifeentwicklung eines Schülers sind diese durchaus geeignet, für eine Spiegelung im Hinblick auf das Verhalten zu sorgen. Sie würden dann den gleichen Sinn erfüllen, den Noten auch in den einzelnen Fächern haben: einen bestimmten »Leistungsstand« abzubilden und zur Grundlage der nachfolgenden Anstrengungen zu machen.

Es scheint wichtiger denn je, über Struktur und Regelwerk als Orientierungshilfe für den Schüler nachzudenken. Da diese Orientierung immer mehr Kindern und Jugendlichen zu Hause fehlt, müssten diese klarer und eher auf Jüngere abgestimmt sein. Dies allein wird aber den Kindern und Jugendlichen mit fehlendem Reifegrad nicht helfen, da ihnen die Voraussetzung fehlt, den Lehrer als Lehrer zu sehen und Struktur als Halt gebend zu erkennen. Die nahe liegende Diskussion über Erziehungsstile wie autoritär oder laisser-faire wird dagegen nicht weiterführen oder helfen.

Was die Berufsschule leisten kann

Lehrer und Lehrerinnen an Berufsschulen haben naturgemäß andere Aufgaben als ihre Kollegen an den allgemeinbildenden Schulen. Die Schüler sind älter, der Erziehungsauftrag, der hinsichtlich jüngerer Schüler immer noch mit zur schulischen Ausbildung gehört, sollte in Berufsbildungseinrichtungen eigentlich in den Hintergrund treten.

Wenn jedoch die Analyse stimmt, dass unter den jungen Berufseinsteigern zunehmend Menschen mit nicht ausreichender psychischer Reife sind, die neben inhaltlichen Schwächen vor allem durch mangelhaftes Lern- und Sozialverhalten auffallen, muss auch unter Berufsschullehrern ein grundlegender Bewusstseinswandel stattfinden.

Dieser beinhaltet, dass die Auffälligkeiten nicht mehr schwerpunktmäßig soziologisch, sondern entwicklungspsychologisch interpretiert werden und damit entsprechend anders mit ihnen umgegangen wird. Wer erkennt, dass hinter einem bestimmten Verhalten das Problem fehlender psychischer Reife des Schülers steckt, kann ganz anders mit diesem Schüler umgehen und andere Ansätze zu einer Verbesserung der Situation finden. Natürlich darf man dabei jetzt nicht umgekehrt dem Glauben verfallen, dass es einfache Handlungsanleitungen dafür gibt.

Klar ist, dass die Berufsbildungseinrichtungen genauso ihren Anteil an einer Behebung der Misere haben können wie die Betriebe selbst. Und wie könnte das zumindest im Bereich der dualen Ausbildung besser funktionieren als im dauerhaften, direkten Kontakt zu den Firmen? Ein enger, stetiger Austausch zwischen Betrieb und Schule sowie auch mit den Eltern über eventuelle Probleme der Auszubildenden ist die erste Voraussetzung für ein erfolgreiches Arbeiten an den Defiziten. Das mag, gerade auch hinsichtlich mancher Eltern, die sich in einer Beziehungsstörung befinden, oft schwierig sein, ändert jedoch nichts an der Notwendigkeit dieses Austausches.

Wenn Kommunikation grundsätzlich funktioniert, gilt es auch in diesem Fall zu beachten, ob der gleiche Erkenntnisstand existiert. Was nützt es, wenn dem Betrieb daran gelegen ist, psychische Nachreifung zu erlangen, der Berufsschullehrer handelt aber Symptom orientiert. In solch einem Fall würde das Bemühen der Firma ständig durch den ganz anders gelagerten Ansatz des Lehrers unterminiert und Hilfe für den Auszubildenden dadurch erschwert.

Gemeinsam mit dem Betrieb ließe sich für die Lehrer einiges einfacher gestalten. Es mag im Zusammenhang mit teilweise erwachsenen Schülern seltsam und zunächst unangebracht klingen; unter dem Aspekt fehlender Reifeentwicklung aber wären beispielsweise viel klarer strukturierte Vorgaben und häufig wiederkehrende Abläufe im Schulunterricht sinnvoll und notwendig.

Das kann bis zu schriftlichen Vorgaben reichen, wie im nachfolgenden Beispiel beschrieben:

Ein 19-jähriger Auszubildender zum Industriekaufmann trieb Betrieb und Schule zur Verzweiflung. Trotz offensichtlich vorhandener Intelligenz und äußerlich ruhiger und nachdenklicher Natur gelang es dem jungen Abiturienten nur selten, pünktlich zu erscheinen, und zwar sowohl in der Firma als auch in der Berufsschule.

Ermahnungen und Gesprächsversuche des Klassenlehrers brachten keinen spürbaren Erfolg, zusätzlich informierte der junge Mann den Betrieb auch nur sparsam über seine Abwesenheit vom Unterricht. Erst als eine schriftliche Vereinbarung mit ganz klar definierten Verhaltensregeln unterzeichnet wurde, bekam der Jugendliche das Problem einigermaßen in den Griff und zeigte größeres Bemühen, sich an die vorgegebenen Regeln zu halten.

Das muss nicht der Königsweg sein. Es kann durchaus vorkommen, dass in anderen Fällen solch eine Vereinbarung gar keine Wirkung zeigt oder dass es auch ohne solch einen Kunstgriff funktionieren kann. Das jeweilige Vorgehen ist immer individuell.

Klar ist jedoch, dass das Prinzip, das im genannten Fall zur Anwendung kam, intuitiv auf das Defizit des Auszubildenden einwirkt. Die Funktion von Regeln wie pünktlichem Erscheinen am Arbeitsplatz oder in der Schule kann sich einem psychisch frühkindlich fixierten Menschen kaum erschließen. Er erkennt nicht, dass sein Verhalten auch negative Auswirkungen auf die Kollegen oder Mitschüler haben kann. Mit einem solchen Vertrag hat er (vielleicht das erste Mal in seinem Leben) eine klare Vorgabe an der Hand, wie vernünftiges Verhalten aussehen könnte. Es ist zunächst mal nicht so wichtig, dass er diese Vorgabe versteht, sondern dass er ihre absolute Maßgeblichkeit fühlt und sich daran orientieren kann.

In die gleiche Richtung zielt die Forderung mancher Berufsschullehrer nach einer Überarbeitung der Lehrpläne an Berufsschulen. In diesen sollte generell die Förderung persönlicher Kompetenzen der Schüler stärkere Berücksichtigung finden, und diese Förderung könnte eben auch jene Nachreifungsprozesse umfassen, von denen hier die Rede ist.

IHK und Co. – Firmen brauchen Hilfe bei der Hilfe

Seit Erscheinen des ersten Buches sind unglaublich viele Reaktionen vor allem von Lehrern und Erziehern, aber auch von Eltern gekommen, die sich und ihre Situation in den Fallbeispielen und den Lagebeschreibungen wiedererkannt haben. Das wird in diesem Fall Inhabern und Ausbildern in vielen Firmen ähnlich gehen.

Doch gerade in kleineren Betrieben wird es Probleme hinsichtlich der Umsetzbarkeit unserer Ideen geben, da muss man sich wohl keine Illusionen machen. Personelle und finanzielle Ressourcen reichen oft gerade, um den alltäglichen Betrieb aufrechtzuerhalten; für zusätzliche Anstrengungen, sich stärker den Neueinsteigern zu widmen, scheint da keine Luft mehr vorhanden zu sein.

Diesen berechtigten Einwänden möchten wir gerne auf zweierlei Weise begegnen. Zum einen, das zieht sich ohnehin immer wieder durch die Beschreibungen in diesem Buch, sollten sich alle Beteiligten klarmachen, dass es zunächst auf ein geändertes Bewusstsein ankommt. Dieses kostet vor allem etwas gedankliche Anstrengung und eventuell ein wenig Zeit, um sich mit neuen Ansätzen zu beschäftigen. Die betriebswirtschaftliche Bilanz hingegen wird nicht mit zusätzlichen Kosten belastet.

Die gedankliche Durchdringung unserer Analyse, der Blick auf die Notwendigkeit von Nachreifungsprozessen ist also der erste große Schritt, der im Grunde auch gleich in eine langsame Veränderung von Verhaltensweisen bei der Anleitung und Führung von jungen Mitarbeitern münden kann.

Bleibt zum anderen das Zeit- und das Personalargument. Wer soll diese stärkere Hinwendung zu den Auszubildenden leisten – und wann? Das werden berechtigte Fragen sein, die aber letztlich vielleicht gar nicht jede Firma für sich alleine beantworten muss. Denn eine Idee, die in Gesprächen mit Firmeninhabern bereits aufkam, könnte sein, sich mit mehreren Betrieben zusammenzuschließen und gemeinsam an der Ausbildung der Auszubildenden zu arbeiten. Das kann vom reinen Erfahrungsaustausch bis hin zu gemeinsamen Projekten gehen, in denen Ausbilder aus den Betrieben abwechselnd intensiv und sehr beziehungsorientiert mit den Auszubildenden einer Fachrichtung arbeiten.

Auch diejenigen Auszubildenden aus höheren Lehrjahren, die eine gute Entwicklung und keine Probleme zeigen, könnten in solche Projekte mit einbezogen werden. Hier kommt dann noch die gleiche Augenhöhe dazu, da die spezifische Lebenssituation von jungen Leuten durch Gleichaltrige besser beurteilt und berücksichtigt werden kann als durch ältere Ausbilder und Chefs. Wichtig wäre in jedem Fall die enge, beziehungsorientierte Arbeit und die Ruhe im Umgang mit schwierigen Kandidaten.

Denkbar ist auch, zumindest in größeren Städten, sich mit den entsprechenden Studiengängen an der Universität oder anderen wissenschaftlichen Einrichtungen kurzzuschließen, um eventuell neue Projekte ins Leben zu rufen, die sich mit der Problematik der fehlenden Ausbildungsreife vor dem Hintergrund psychischer Entwicklungsstörungen auseinandersetzen und Ideen zum Umgang damit entwickeln. Dieser Ansatz wäre auf der Forschungsebene ohnehin längst überfällig und wünschenswert, um endlich konkretes Zahlenmaterial für die hier beschriebene Thematik zu bekommen.

Mit der Universität wäre eine öffentliche Institution im Boot und der Betrieb hätte endgültig nicht mehr das Gefühl, nur im eigenen Saft zu kochen. Eine sicherlich noch näher liegende Anlaufstelle sollte die lokale IHK sein. Mit Seminaren oder mit zusätzlichen Beratungsangeboten könnte die IHK interessierten Betrieben Unterstützung bieten, sich der Thematik zu stellen. Als Interessenvertretung ihrer angeschlossenen Firmen kann sie auch das Bindeglied zu den Entscheidungsebenen der Politik sein und dort wichtige Lobbyarbeit für die Betriebe übernehmen. Gleiches gilt auch für die Berufsverbände in den einzelnen Branchen. Überall dort sollte eine Bewusstseinsveränderung stattfinden, um den Betrieben die größtmögliche Unterstützung gewähren zu können.

Solche Entwicklungen könnten spätere Beurteilungen verhindern, wie sie der Inhaber eines mittelständischen Unternehmens der Textilbranche formuliert: »Seitens der Schule, der Kammer und der Verbände war weder Interesse für unsere Schwierigkeiten vorhanden noch eine Hilfestellung zu erwarten.«

Möglichkeiten gibt es also einige, auch ohne ein Riesen-»Programm« in der Firma nach und nach kleine Veränderungen anzuschieben. Die Perspektive ist auf jeden Fall erbaulich. Bessere Stimmung in der Belegschaft, motivierte junge Mitarbeiter, Erleichterungen beim Umsetzen schwieriger Unternehmensprozesse, all das und noch viel mehr kann das Ergebnis sein, wenn es gelingt, junge Berufseinsteiger nachreifen zu lassen und in der Firma »mitzunehmen«.

Dass es dabei nebenbei bemerkt natürlich nicht nur um »bessere Stimmung« geht, zeigt die anhaltende Diskussion über den Fachkräftemangel im Land. Jede Firma braucht qualifizierten Nachwuchs, um ihre Wettbewerbsfähigkeit zu erhalten oder zu verbessern.

Dieses Problem wird im Übrigen große Firmen genauso betreffen wie kleine. Die Einschätzung, die aus manchem Gespräch mit Personalverantwortlichen in großen Firmen herauszuhören ist, man kenne das Problem nicht, da man sich die Besten herauspicken könne, lässt sich nicht ohne Weiteres bestätigen. Dabei wird nämlich verkannt, dass die Auswahl, die derzeit für diese Firmen vielleicht noch groß genug sein mag, sich auf zwei verschiedene Weisen in naher Zukunft verengen wird. Zum einen durch die Zunahme an psychisch unreifen Bewerbern, zum anderen durch den Demografie-Effekt. Es gibt also erstens weniger und zweitens weniger reife Kandidaten für die eher anspruchsvoller werdenden Stellen.

Kapitel 6

Die Rolle der Eltern – Dabei sein ist nicht immer alles

Drei Beispiele mitten aus dem Ausbildungsleben:

Ein Anruf im Büro eines Einzelhändlers. Die Mutter von Nico ist dran, sie fragt nach einem Praktikumsplatz für ihren Sohn. Der Chef bittet sie, ihren Sohn persönlich vorbeizuschicken, damit er sich ein Bild machen kann.

Montagmorgen, kurz vor acht Uhr, steht ein 17-Jähriger im Büro und sagt: »Guten Morgen, ich SOLL hier ein Praktikum machen!« Der Chef, leicht irritiert, fragt ihn: »Sollen Sie oder möchten Sie das machen?« Antwort, leicht gequält: »Na ja, so halb und halb …«. Auf die weitere Nachfrage, welchen Beruf er denn später einmal ausüben möchte, weiß er trotz seiner immerhin 17 Jahre keine Antwort.

Der Auszubildende Marco fällt weniger durch herausragende Leistungen auf als durch seine nicht gerade niedrige Fehlquote. Alle paar Wochen bleibt er dem Betrieb fern, aber nicht wegen schwerer gesundheitlicher Probleme, sondern fast ausschließlich wegen Schnupfen, Husten oder auch Fieber. Allerdings hat Marco diese Begründungen und die Krankmeldungen noch nie selbst kommuniziert. Stattdessen ruft seine Mutter regelmäßig im Betrieb an, teilt mit, ihr Sohn habe einen mächtigen Schnupfen (oder Ähnliches) und könne nicht zur Arbeit erscheinen.

Anruf in einem Malerbetrieb: Ein Vater ist am Apparat und droht dem Chef mit juristischen Schritten, wenn er seinen Sohn nicht einstellen würde, denn schließlich sei ihm das zugesagt worden. Problem bei der ganzen Sache: Der Junge hatte zwar eine saubere und ordentliche Bewerbung geschickt, erhielt daraufhin auch das Angebot eines Vorstellungsgesprächs, war aber persönlich in dem betreffenden Betrieb noch nie aufgetaucht. Auch Chef und Vater hatten zuvor niemals direkten Kontakt gehabt.

Es ist leicht zu erkennen, was diese drei Beispiele eint. Jedes Mal fragt man sich, was diese Mütter und Väter (es gibt unzählige ähnliche Beispiele, wenn man in Betrieben nachfragt) wohl dazu bringt, ihren Nachwuchs bloßzustellen und sich selbst ebenfalls unmöglich zu machen. Für das Fehlverhältnis von guter Absicht und schlechter Wirkung fehlt jedes Bewusstsein.

Die Antwort fällt nach der Analyse der Beziehungsstörungen nicht mehr allzu schwer, lässt jedoch für die Zukunft nichts Gutes vermuten. Hier liegen offensichtlich symbiotische Eltern-Kind-Beziehungen zugrunde, unter denen die Kinder massiv zu leiden haben. Diese Eltern gehen »für ihre Kinder« in den Betrieb, sie gestehen ihnen keine Eigeninitiative zu, weil sie aufgrund der unbewussten symbiotischen Störung selbst ihre fast erwachsenen Kinder psychisch noch wie einen Teil ihrer selbst verarbeiten.

Diese Eltern merken auch nicht, was sie da eigentlich tun, daher bringen Interventionen der Betriebe im Elternhaus in der Regel recht wenig Erfolg. Im Gegenteil: Die Gefahr, dass es sogar zu juristischen Auseinandersetzungen kommt, ohne dass der Betrieb im Grunde die Möglichkeit gehabt hat, sich vernünftig mit dem Auszubildenden selbst über die Probleme zu verständigen, ist groß.

Hier ist es besonders wichtig, dass in den Betrieben ein Bewusstsein für die hinter den Auffälligkeiten stehende Beziehungsstörung entsteht. Hierbei ist die Symbiose die gravierendste Beziehungsstörung. Wenn man das Kind unbewusst als eigenen Körperteil sieht, ist die Möglichkeit, durch bloße Eigenreflexion und Problemeinsicht zu einer Änderung der Verhaltensweise zu kommen, nicht mehr gegeben.

Es ist zu befürchten, dass der weitaus größte Teil der in symbiotischen Verhältnissen aufgewachsenen jungen Menschen nicht in der Lage sein wird, eine Berufsausbildung überhaupt durchzustehen und mit einer erfolgreichen Abschlussprüfung in den Job zu gehen. Das letzte Beispiel zeigt in sehr auffälliger Weise, was passieren kann. Der Junge hat zwar eine Bewerbung geschickt (wobei die Annahme, dass diese von den Eltern verfasst wurde, sehr nahe liegt), taucht jedoch niemals persönlich im Betrieb auf. Das ist ihm auch gar nicht wichtig, weil er nicht in der Lage ist, die Prioritäten richtig zu setzen. Die Tragweite seiner Entscheidung kann er nicht einschätzen, da er nur im Moment lebt. Schon die Tatsache, einen bestimmten Termin einhalten zu müssen, nämlich den für das Vorstellungsgespräch, passt nicht in sein Selbstbild, das dem eines maximal sechzehn Monate alten Kleinkindes entspricht. Wenn man einem Kind dieses Alters einen bestimmten Auftrag erteilt, bleibt es dem Zufall (sprich: der Lust des Kindes) überlassen, ob es ihn ausführt oder nicht, das ist in dieser Entwicklungsphase völlig normal.

Auch der junge Mann aus dem Beispiel hat nicht die altersgemäße Einsicht, nach der er selbstverständlich zum Gespräch erscheinen würde. Der Vorstellungstermin hat für ihn keine größere Bedeutung als jedes andere Angebot, das zeitlich parallel liegt. Dass davon zumindest die nähere Zukunft abhängen könnte, ist ihm nicht egal, wie man vermuten könnte, sondern er kann es gar nicht erkennen, weil ihm dazu die entsprechende Reife der Psyche fehlt.

Die Eltern hingegen, im genannten Beispiel ist es der Vater, merken nicht, was da mit ihrem Sohn falsch läuft. Sie handeln tatsächlich nach dem Prinzip des eigenen Körperteils, indem sie zunächst die Bewerbung für ihren Sohn fertig machen und sich dann beim Betrieb beschweren, wenn keine sofortige Einstellung erfolgt. Eine Rücksprache mit dem Sohn, die gezeigt hätte, dass er gar nicht auf das Angebot reagiert hat, erfolgt nicht. Warum auch, er wird ja gar nicht mehr als Sohn und eigene Person wahrgenommen, der etwas falsch machen könnte, sondern ist (als eigener Körperteil) selbstverständlich, ohne jede weitere Überprüfung, im Recht.

Auch bei Eltern, die sich im Großen und Ganzen kaum um die Ausbildung ihrer Kinder kümmern, ist das nicht anders, wie ein Ladeninhaber aus Süddeutschland bestätigt: »Die Eltern unserer ›Problem-Azubis‹ sehen wir während der Lehrzeit selten, und wenn sie einmal in Erscheinung treten, sehen sie die Fehler einzig und allein beim Ausbildungsbetrieb.«

Wer sich für eine Stelle bewirbt, sollte in der Regel motiviert sein und erkannt haben, dass er *sich selbst* vorstellen und bewerben muss, da ja auch er *selbst* hinterher den Beruf ausüben soll. Ist das bei einem Bewerber nicht im Ansatz erkennbar, weil man ihn von Beginn an nur durch den Filter »Eltern« zu sehen bekommt, deutet das bereits auf mögliche größere Probleme im späteren Umgang hin. Gute Schulnoten und eine saubere Bewerbungsmappe haben dann allein keine Aussagekraft.

Zum Schluss dieses Abschnitts soll allerdings zumindest der Hinweis nicht fehlen, dass diese Anmerkungen sich natürlich nicht generell gegen Eltern richten. Konstruktive Zusammenarbeit mit Eltern ist für Betriebe sogar extrem wichtig. Es basiert nicht jedes Problem in der Ausbildung auf psychischer Unreife, und gerade in den Fällen, in denen in der Familie die Beziehung stimmt, kommt der elterlichen Einwirkung auf die Jugendlichen große Bedeutung zu.

Eltern sind als Begleitung ihrer Kinder jederzeit vom Betrieb als Ansprechpartner geschätzt; schwierig wird es dann, wenn sie als Problemlöser auftreten und dabei bisweilen sogar Probleme lösen wollen, bevor sie überhaupt richtig entstanden sind.

Eltern sind gerade auch an der direkten Schnittstelle zwischen Schulabschluss und Ausbildung die wichtigsten Begleiter ihrer Kinder. Über die Beziehungsebene können sie Jugendlichen ihre Entscheidungsfindung erleichtern, ohne sie ihnen abzunehmen. Diesen Mittelweg zu finden, ist die zentrale Aufgabe von Eltern, wie sie etwa auch die Pädagogin Helen Knauf beschreibt.

In einem Interview in der Zeitschrift »Psychologie heute« (Januar 2010) bestätigt Knauf auf die Frage, wie Eltern helfen könnten:

> »Mit den Kindern im Gespräch bleiben, bei der Berufsplanung quasi Geburtshilfe leisten. Einige der von uns befragten Schüler beschrieben bei ihren Eltern eine eher passive Haltung. Nach dem Motto: Du bist jetzt erwachsen, du musst das selbst wissen. Damit fühlen sich Jugendliche alleingelassen. Eltern können auch Projekttage in der Schule anregen. Zum Beispiel ›Eltern-Berufsbörsen‹: Verschiedene Eltern stellen in der Klasse vor, wie ihr Berufsalltag aussieht, wie sie zu ihrem Job gekommen sind und welche Interessen ein Architekt, eine Rechtspflegerin oder ein Polizist braucht. Diese Einblicke in die Praxis sind für Schüler sehr hilfreich – und sie sind leicht zu organisieren.«

Kapitel 7

Was vor der Bewerbungsphase geschehen muss – Änderungen in den Konzepten der Kindergarten- und Schulzeit

Der amerikanische Historiker Philipp Blom wurde kürzlich nach dem Unterschied zwischen den Jahrhundertwenden 1900 und 2000 befragt:

»Blom sieht Parallelen und Unterschiede zu heute. Auch der Beginn des 21. Jahrhunderts habe das Leben in einem großen Schub verdichtet und beschleunigt, ebenfalls durch neue Technik: das Internet, mehr noch die Kombination von Internet und Handy. Der Unterschied sei, dass der Beginn dieses Jahrhunderts keine Hoffnung auf die Zukunft hervorgebracht habe. Blom sagt einen traurigen Satz: ›Wir wollen keine Zukunft, wir wollen eine Gegenwart, die nicht mehr aufhört.‹ Nicht, dass diese Gegenwart so schön sei. Die Menschen fürchteten, dass es noch schlimmer kommen könne.« [13]

---

13. Kurbjuweit, Dirk, Steingart, Gabor und Merlind Theile: Zeit der Exzesse. In: SPIEGEL Nr. 50/2009 v. 7.12.2009. S. 153.

Bis zu dieser Stelle ist bereits viel über Auszubildende gesagt worden, über Betriebe, Chefs, Ausbilder und das Berufsleben im Allgemeinen. Würden wir damit dieses Buch beschließen, begingen wir den gleichen Fehler, der sich im Denken unserer Gesellschaft so breitgemacht hat, dass wir ihn bereits für Normalität halten.

Es geht dabei um die Denkrichtung. Heutiges Denken zeichnet sich vielfach dadurch aus, dass es im Grunde gar keine Richtung mehr hat. Wir leben nur noch im Moment, nehmen wahr, was die Aktualität uns aufzwingt, und vermeiden sowohl den Blick in die Zukunft als auch den in die Vergangenheit.

Das hat sehr viel mit dem bereits erwähnten Hamsterrad zu tun, in dem wir uns in der modernen Welt befinden. Unsere Psyche reagiert dabei trotz des uns umgebenden großen Wohlstands und relativ großer Sicherheit im Leben, als wenn eine Katastrophe eingetreten wäre.

Dieses Katastrophendenken zeichnet sich dadurch aus, dass man 24 Stunden am Tag nur darauf konzentriert ist, das zu retten, was zu retten ist. Man ist immer in Bewegung, hält nicht inne und verliert die Orientierung in Raum und Zeit.

Unsere psychische Verfassung nähert sich seit einiger Zeit diesem Zustand an. Sie registriert nur noch Anforderung auf Anforderung und ist damit letztlich überfordert. Für das Denken bedeutet das: Perspektivisches Denken, das einerseits Rückschlüsse aus dem vergangenen Geschehen, andererseits auch Überlegungen für zukünftige Notwendigkeiten berücksichtigt, wird so gut wie eliminiert.

Kennzeichen dieses Denkstils ist das schon häufiger kritisierte Symptom orientierte Denken, das immer weitere Verbreitung findet. Man registriert dabei vielleicht auch mal eine

Abweichung von der Norm, interessiert sich jedoch nicht für die Ursachen, sondern versucht, sofort Maßnahmen zu entwickeln, welche die Symptome beseitigen. »Aus den Augen, aus dem Sinn« heißt die Devise – nur nicht näher mit dem Problem beschäftigen!

Die Feststellung, die der Historiker Blom im oben angeführten Zitat trifft, markiert genau den Punkt. Das Gefühl, dass die Zukunft eigentlich nur schlimmer werden könne als die Gegenwart, ist nicht mehr nur, wie im Grunde zu allen Zeiten, latent vorhanden, es ist das dominierende Gefühl unserer Gegenwart geworden, quer durch alle Gesellschaftsschichten. Die Moment-Fixiertheit wirkt dem psychisch entgegen, schafft jedoch keinerlei Verbesserung der Situation.

Wer dagegen perspektivisch – sozusagen zeitlich vertikal – denkt, sieht zum einen die Ursachen für die Symptome, die in der Vergangenheit liegen, und er entwickelt zum anderen eine Perspektive in die Zukunft, die zeigt, wohin der Weg führt, wenn die erkannten Symptome nicht von der Wurzel her angegangen werden. Diesen Gedanken gilt es auch für das Problem mangelnder Ausbildungsreife nutzbar zu machen. Er verdeutlicht, warum viele heutige Ansätze ins Leere laufen (müssen).

Auch Azubis waren mal Kinder

Versuchen wir also, uns an das eben Gesagte zu halten und den Blick sowohl in die Vergangenheit als auch in die Zukunft zu richten. Das bedeutet für unser Thema, dass wir zweierlei verstehen müssen: Die heutigen Berufseinsteiger waren auch mal Kinder, und die heutigen Kinder werden einmal Berufseinsteiger sein.

Klingt simpel, enthält aber die ganze Dramatik der Situation. Denn das bedeutet einerseits, dass wir die Probleme mit den heutigen Einsteigern nicht erklären können, ohne uns Gedanken über die Umstände ihres Aufwachsens zu machen, und andererseits, dass wir genau hinschauen müssen, wie die aktuelle Generation groß wird und was das für ihre Zukunft bedeutet.

Bezogen auf die Analyse der drei Beziehungsstörungen der Partnerschaftlichkeit, Projektion und Symbiose meint das Folgende: Wir haben heute eine Generation von jungen Berufsanfängern, die überwiegend in den 90er-Jahren des 20. Jahrhunderts aufgewachsen sind und somit als Kleinkinder zu einem nicht geringen Teil von Eltern und teilweise auch schon von Lehrern partnerschaftlich behandelt wurden. Auch erste Ansätze zur Beziehungsstörung der Projektion gibt es bereits in dieser Zeit.

Die Auswirkungen dieser Beziehungsstörungen sehen wir heute in den Berufsausbildungsverhältnissen. Sie müssen uns als Folie dienen, um darauf ausgerichtete Konzepte zu entwickeln, die den jungen Leuten und den Betrieben helfen. Bei den jungen Menschen geht es darum, ein zufriedenstellendes Arbeitsleben führen zu können; bei den Betrieben darum, Mitarbeiter zu haben, die für Kreativität und Produktivität stehen und nicht für Verweigerung und Existenzgefährdung.

Das perspektivische Denken würde uns also vor Augen führen, dass es beim Umgang mit problematischen jungen Mitarbeitern weder um eine Verschärfung von Sanktionen gehen kann noch um das Delegieren des Problems an Therapeuten. Es würde klarmachen, dass es auf eine Bewusstseinsveränderung bei Chefs und Ausbildern zielt, die darauf basiert, dass diese die hinter den Symptomen stehende Problematik der psychischen Unreife junger Menschen erkennen können.

Diese Erkenntnis dürfte zunächst mal für viele irritierend sein, bedeutet sie doch, dass ein großer Teil der heutigen »Behandlung« fehlender Ausbildungsreife sinnlos ist und die Energie besser auf andere Weise eingesetzt werden könnte. Solche Irritation ist jedoch auch positiv, denn sie kann zur denkerischen Neuorientierung führen. Sowohl pädagogische Bemühungen als auch Strafen bringen keine wesentliche Besserung, so lange das Problem der Nachreifung nicht erkannt und angegangen worden ist. Diese erfolgt maßgeblich auf dem Boden der Beziehung. Der Ausbilder muss den Jugendlichen mehr denn je auf sich beziehen.

Wie den Auszubildenden von heute geholfen werden kann, ist im Kapitel über »Beziehung, Struktur und Führung« angedeutet und am Beispiel der time-out-Schule exemplarisch ausgeführt. Wobei man ganz klar sagen muss, dass dieses Beispiel einen Kreis von Jugendlichen betrifft, der heute noch relativ klein ist. Das liegt daran, dass die Beziehungsstörungen der Partnerschaftlichkeit und der Projektion in der Regel noch nicht zur Folge haben, dass die jungen Menschen ihr Gegenüber gar nicht mehr wahrnehmen. Dieses große Problem tritt erst im Zusammenhang mit der Symbiose auf. Sie sind also meistens sehr wohl über die vorgestellten Prinzipien von enger Führung und persönlichem Kontakt erreichbar und in eine günstige Richtung zu beeinflussen. Es bedarf eines entsprechenden Umdenkens bei den Vorgesetzten.

Kritischer ist die Lage, wenn wir unser perspektivisches Denken in die Zukunft richten. Auch das geschieht derzeit kaum. Niemand denkt bei Problemen im Kindergarten daran, dass diese Kinder in spätestens etwa fünfzehn Jahren im Beruf klarkommen müssen. Und zwar in einem Berufsumfeld, über das heute kaum ernst zu nehmende Prognosen angestellt werden können, das aber angesichts der technologischen Entwicklung und der Globalisierung, um nur zwei Einflussfaktoren zu nennen, ganz sicher nicht weniger anspruchsvoll sein wird, als es heute der Fall ist.

Natürlich wird so eine Bemerkung wieder diejenigen auf den Plan rufen, die sich darüber entsetzen, bei Kindergartenkindern schon die Gedanken auf irgendwann folgende Berufstätigkeiten zu richten. Und es geht ja auch nicht darum, im Fünfjährigen schon den kommenden Ingenieur zu sehen oder in der Vierjährigen die Staranwältin. Bei ernsthaften Gedanken in diese Richtung scheint eher schon die Problematik um den Hochbegabtenwahn durch.

Nein, es bleibt dabei: Perspektivisches Denken heißt, *jetzt* die Rahmenbedingungen zu schaffen, um gesunde psychische Reifung zu ermöglichen, damit überhaupt irgendeine Form von erfüllender Berufstätigkeit möglich ist, wenn der Zeitpunkt dafür gekommen ist – ganz gleich, in welchem Beruf. Nur ein solches neues Denken schafft auf Dauer gesunde Rahmenbedingungen für Familien, vor allem aber auch für Kindergärten und Schulen.

Nach dem Bewusstseinswandel – Was Familien-, Schul- und Bildungspolitik erkennen und leisten kann

Eins kann man gar nicht oft genug sagen: Die Analyse der Beziehungsstörungen und ihrer Auswirkungen auf Erwachsene und Kinder sind nicht als Angriff auf bestimmte Berufs- oder Gesellschaftsgruppen gedacht. Es soll niemand diffamiert werden, und es geht auch nicht um Schuldzuweisungen. Das wäre schon ganz grundsätzlich unsinnig, da die beschriebene Problematik ja noch gar nicht erkannt worden ist und somit alle Gruppen nach bestem Wissen und Gewissen ihre aktuellen Erkenntnisse zur Anwendung bringen.

Wichtig ist, zu einer gesamtgesellschaftlichen Wahrnehmung der Thematik zu kommen, um so alle Räder in Bewegung zu bringen. Denn mit dem Argument, es seien, wenn überhaupt, nur Randgruppen von Problemen betroffen, kann jede Bemühung kleingeredet und letztlich zerstört werden. Deshalb kommen wir mit diesem Kapitel von der ganz konkreten auf eine etwas abstraktere Ebene, um den Reflexionsprozess dort anzustoßen, wo letztlich die Entscheidungen über Rahmenbedingungen getroffen werden: in der Politik.

Psychische Unreife junger Menschen, ob in der Schule oder beim Berufsstart, betrifft nicht mehr länger nur Randgruppen, sondern ist in der Mitte der Gesellschaft angekommen. Es droht sogar ein Hauptproblem gerade in jener Mittelschicht zu werden, die zahlenmäßig immer noch das Gros der Gesellschaft stellt und ohnehin jeden Tag unter besonderem Beschuss steht. Die Rede davon, dass die Mitte wegbricht, zieht sich durch viele Gesellschaftsanalysen der letzten Jahre, und diese Analysen passen damit auch sehr gut zu der Erkenntnis, dass soziale, wirtschaftliche, technische und politische Überforderungsphänomene ursächlich für die Zunahme an Beziehungsstörungen sind.

Dazu gehört aber auch, dass zuletzt festgestellt wurde, dass in der so genannten Unterschicht sowie in den besonders gut situierten Familien die Geburtenrate am höchsten ist, während jene eben erwähnten Mittelschichtfamilien tendenziell entweder kinderlos bleiben oder sich mit einem Kind begnügen, was auch demografisch ein echtes Problem darstellt: »Dabei müsste eine effiziente Familienpolitik vor allem auf die Mittelschicht setzen. Diese zahlenmäßig größte Bevölkerungsgruppe hätte am ehesten einen Einfluss auf die demografische Entwicklung.«[14]

Nun ist hier nicht der Ort, um familienpolitische Instrumente zu diskutieren oder auf ihre Wirksamkeit hin zu überprüfen. Das ist genauso wenig ein Thema, wie pädagogische Modelle und erziehungswissenschaftliche Forschungen diskutiert oder gar diskreditiert werden sollen. Es geht um etwas ganz anderes.

Weder in der Politik noch in der akademischen Sphäre können bisher Ansätze entwickelt worden sein, die das Phänomen der psychischen Unreife einbeziehen. Alle bisherigen Entwürfe, um Verbesserungen für Kinder und Erwachsene zu erzielen, haben somit auch ihre volle Berechtigung, gehen sie doch von einer bestimmten Sichtweise auf den Faktor Kind und den Faktor Erwachsener (sei es als Eltern, als Lehrer, als Erzieherin usw.) aus. Aus kinderpsychiatrischer Sicht

14. Dückers, Tanja: Luxusgut Kind. ZEIT Online: http://www.zeit.de/gesellschaft/generationen/2009-12/luxusgut-kind?page=1.

wäre nun aber wünschenswert, dass über den Faktor Kind neu nachgedacht wird, genauso über den Faktor Eltern, über den Faktor Lehrer usw. Denn diese Faktoren haben sich entscheidend verändert, und das müsste sich auf neue Ansätze sowohl in der Politik als auch in der Wissenschaft entsprechend auswirken.

Hier soll überhaupt keine Frontalstellung bezogen werden gegen akademische Fächer oder politische Bemühungen. Es muss vielmehr um eine viel engere Verzahnung der verschiedenen Ebenen gehen. Wie schön wäre es, wenn Politiker oder Lerntheoretiker mal Mäuschen in ganz normalen Unterrichtsstunden spielen könnten. Sie bekämen viel stärker mit, was an der »Basis« abläuft, welchen Anforderungen Lehrer heute im Vergleich zu vergangenen Zeiten ausgesetzt sind. Denn mit der Veränderung des Faktors Kind haben sich auch diese Anforderungen verschoben. Gab es vor zwanzig Jahren in einer durchschnittlichen Schulklasse vielleicht vier Kinder mit auffälligen Entwicklungsstörungen, so sind es heute oft nur noch vier, bei denen das nicht der Fall ist. Der Rest zeigt meist eine Kombination aus unterschiedlichen Auffälligkeiten, die bisher so angegangen wurden, dass deutlich ist: Eine Veränderung des Faktors Kind wird nicht in Betracht gezogen.

Der Hintergrund dabei ist, dass die Bedeutung von Beziehung im Verhältnis zu den Kindern zu wenig Beachtung findet. Die Tatsache, dass Kinder über die Beziehung Dinge ausführen, egal, ob daheim oder in der Schule, müsste aus kinderpsychiatrischer Sicht in den Fokus rücken und die Basis für ein neues Denken bilden. Probleme lassen sich dabei wie immer am besten gemeinsam lösen. An dieser Stelle wird kein Dogma postuliert, sondern ein Angebot formuliert, das zum Ziel hat, dass Kinder wieder Kinder sein können und nicht unbewusst für die Kompensation erwachsener Defizite dienen müssen. Aus Sicht der Kinderpsychiatrie und der Arbeitspsychologie wäre also ein konstruktiver Dialog mit Erziehungswissenschaftlern und verantwortlichen Politikern höchst wünschenswert.

Dass die dringliche Lage bisweilen gut erkannt wird, zeigt eine Agenturmeldung, die sich kurz vor Weihnachten eigentlich mit dem Verlauf des Weihnachtsgeschäftes auseinandersetzen will, aus irgendeinem Grund aber auch das Thema »Eltern« und »Erziehung« berührt. Bei aller Überlegung, teure Geschenke zu kaufen, um den Kindern etwas zu bieten, sollten Eltern das vielleicht wichtigste Geschenk für ihre Kinder nicht vergessen, riet der Meldung zufolge der Chef des Verbandes Bildung und Erziehung in Baden-Württemberg, Rudolf Karg. Eltern sollten dringend »mit ihren Kindern wieder mehr Zeit verbringen«.

Karg, der als Rektor der Grund- und Hauptschule in Karlsruhe-Grötzingen die Praxis vermutlich sehr genau kennt, wird von der Agentur ddp so zitiert:

> »Wir sehen an der Schule die Kinder Tag für Tag und beobachten bei ihnen eine zunehmende emotionale Verarmung.«

Kargs Worten zufolge könne man daran nur etwas ändern, indem man Kindern zu Hause wieder »mehr Zeit schenke«. Seiner Analyse nach versuchen Eltern aber stattdessen, sich gerade an Weihnachten von ihrer Erziehungsverantwortung durch möglichst viele und teure Geschenke »freizukaufen«. Er fordert:

»Weil sich immer mehr Kinder und Jugendliche in virtuelle Lebenswirklichkeiten flüchten, wäre es heute wichtiger denn je, dass Eltern in ihre Söhne und Töchter wieder Zeit investieren.«

Eltern müssten Kindern »durch emotionale Zuwendung signalisieren, wie wertvoll und wichtig sie ihnen sind«. Die Tatsache, dass Kinder oft einen Großteil ihrer Freizeit vor dem Computer oder dem Fernseher verbringen, sieht Karg als emotionale Vereinsamung:

»Vielen Kindern fehlt deshalb heute die Empathie, also die Fähigkeit, sich in andere einfühlen zu können.«

Kargs Rat: Mit Kindern Spiele spielen, das »stütze die Familie«. Das sei altmodisch, allerdings aus seiner Sicht dringend notwendig. Seine Begründung:

»Man sollte die alten, einfachen Spiele spielen, bei denen man miteinander sprechen muss und Toleranz lernt – auch Frustrationstoleranz.«

Hier ist von einem Praktiker mit Leitungsverantwortung vieles angesprochen, was an Symptomen in der Gesellschaft zu sehen ist, und die Ratschläge, die gegeben werden, gehen ebenfalls bereits in die richtige Richtung. Zu einer echten Bewusstseinsveränderung könnte nun noch eine andere Begrifflichkeit kommen, die deutlich macht, welchen Hintergrund die beschriebenen Phänomene haben und auf welcher Grundlage Abhilfe geschaffen werden kann.

Wovon Rudolf Karg grundsätzlich spricht, wenn er die Notwendigkeit des Spielens betont oder die Vereinsamung vor dem Computer kritisiert, ist Beziehung. Wobei es dabei dann immer noch darauf ankommt, intuitiv zu handeln. Außerdem muss, wer Spiele spielt, sich die Zeit dafür nehmen. Auch dies ist ein wunder Punkt in den meisten Familien, genauso wie in den Betrieben der Wirtschaft. Zeit ist ein immer knapperes Gut. Dieser Umstand verführt dazu, Probleme zu delegieren oder durch Aussitzen lösen zu wollen. Angesichts der Tatsache, dass dadurch jedoch nichts besser, aber vieles schlechter wird, können wir uns diese Haltung weder im Privat- noch im Berufsleben länger leisten.

Eine dahin gehende Bewusstseinsveränderung in breiten gesellschaftlichen Kreisen, in der Wissenschaft und vor allem auch in der Politik würde dazu führen, dass die Bereitschaft stiege, viele tendenziell als tyrannisch empfundene junge Menschen mit ihren Reifedefiziten nicht mehr zu diffamieren, wie es oft geschieht, sondern zu unterstützen. Erst dann könnten Rahmenbedingungen entstehen, die gezielt einerseits die Ursachen angehen und andererseits bereits heute Nachreifungsprozesse initiieren.

Wenn vorher von Rahmenbedingungen die Rede war, so sollen diese nun ein wenig mehr differenziert werden. Denn gehandelt werden muss *jetzt*! Wenn wir *jetzt* die Problematik psychischer Unreife sehen und entschlossen angehen, ist es möglich, kommenden Generationen so einiges zu ersparen, beispielsweise:

- *Immer weniger arbeitsfähige Menschen bei immer höheren Anforderungen des Berufslebens*
- *Immer weiter abnehmende Bindungsfähigkeit auch im privaten Bereich, u. a. mit den entsprechenden Auswirkungen*

auf die Geburtenrate und die familiäre Situation von Kindern
- *Starker Anstieg in den unterschiedlichsten Bereichen der Suchtproblematik*
- *Immer weniger Motivation für junge Menschen, in pädagogische Berufe zu gehen, da sie die Machtlosigkeit der aktuellen Pädagogengeneration erleben. Und das bei gleichzeitigem stark erhöhtem Bedarf an gut ausgebildeten Pädagogen!*
- *Gesamtgesellschaftlich gesehen weitere starke Kostenanstiege im Bereich der Gesundheitspolitik (starker Anstieg des Therapiebedarfs) sowie der Arbeitsmarkt- und Sozialpolitik (Kosten der Arbeitslosigkeit, Sozialleistungen)*
- *Akutes Ansteigen von Gewaltbereitschaft im Jugendbereich*

Das alles ist weder übertriebene Schwarzmalerei noch bewusste Lust an Katastrophenszenarien, sondern einzig und allein Ausdruck von Sorge. Sorge um die gesunde Entwicklung unserer Kinder, Sorge um die vielleicht nicht mehr wirklich lebenswerte Welt von morgen und übermorgen, in der wir selbst vielleicht nicht mehr, unsere Kinder und Enkel jedoch sehr wohl werden leben müssen.

Die erforderlichen Veränderungen in Bewusstsein und Verhalten treffen dabei uns alle. Auch die vielen Eltern, Erzieherinnen und Lehrer, die heute noch überwiegend intuitiv und verantwortungsvoll mit Kindern umgehen, sollten sich nicht zurücklehnen, sondern, in aller Ruhe natürlich, achtsam bleiben und das eigene Handeln von Zeit zu Zeit prüfen.

Langjährigen kinderpsychiatrischen Beobachtungen und vielen Erfahrungsberichten aus Kindergärten und Schulen zufolge weisen heute bereits über 30 Prozent aller Kinder psychische Reifedefizite in einem Maße auf, das es ihnen später einmal schwer machen wird, ein wirklich zufriedenstellendes Leben zu führen. Tendenz: steigend.

Da diese Kinder natürlich nicht isoliert irgendwo leben, wirken sich ihre Defizite auch auf ihre Altersgenossen aus, indem produktiver Unterricht an Schulen immer schwieriger zu leisten ist. Sie wirken sich auf die Motivation von Lehrern aus, die merken, dass ihre pädagogische Ausbildung sie für diese Anforderungen nicht vorbereitet hat. Und nicht zuletzt besteht die Gefahr, dass diese Kinder, obwohl sie schuldlos in die Misere gekommen sind, von allen Seiten Schuldzuweisungen und Antipathie auf sich ziehen.

Leider zeigt die Tendenz in der Bildungspolitik in den vergangenen mindestens zehn Jahren eher in die falsche Richtung. Wichtig wäre hier, die Bedeutung von Beziehung zu verstehen und in die Konzepte zu integrieren.

Lehrer werden häufig nur noch zu Mentoren degradiert, die nicht mehr für Stoffvermittlung zuständig sind, sondern begleitend zuschauen sollen, wie schon die Jüngsten sich alles selbst aneignen. Motto: Wenn noch Fragen sind, werden die Kleinen schon kommen. So können Lehrer oft nur noch zuschauen, wie die ihnen anvertrauten Kinder zu großen Teilen überfordert sind und dieser Überforderung durch unbewusst entstehende Verhaltensauffälligkeiten Ausdruck verleihen.

Oft bleibt den Lehrern tatsächlich nur das Zuschauen, denn wenn sie sich auf ihre originäre Aufgabe besinnen, pädagogisch eingreifen, dabei vielleicht sogar zu solch »grausamen« Maßnahmen wie schlechten Noten oder Strafarbeiten greifen, besteht die große Gefahr, kurze Zeit später Ärger mit einer breiten Front von Gegnern zu haben: von den Eltern bis zur Schulaufsichtsbehörde. Und wer will das schon auf Dauer?

Es bedarf also einer ganzen Bandbreite an Maßnahmen, um Änderungen herbeizuführen, die psychischen Nachreifungsprozessen auf allen Ebenen den Weg bereiten würden. Ein paar Aspekte sollen an dieser Stelle genannt werden.

Zunächst einmal zu den Eltern.

Was wir brauchen, ist intensive Elternarbeit hinsichtlich der Relevanz von Beziehungsstörungen und psychischer Reifung von Kindern. Auch engagierten Eltern ist nicht damit geholfen, ihnen für jede Lebenssituation mit dem Kind Checklisten an die Hand zu geben. Das wird nie funktionieren, da Kind und Situation einfach selten zu den einfachen Vorgaben in den Checklisten passen.

Wichtig wäre hingegen, Eltern umfassend über die Hintergründe von Beziehungsstörungen und über gesunde psychische Reifung aufzuklären. Ohne pädagogischen Zeigefinger könnten Hinweise gegeben werden, was unter Umständen auch im eigenen Verhalten problematisch ist. Gleichzeitig müsste vermittelt werden, dass es vor allem um ein Zurückfinden zur eigenen inneren Ruhe geht.

Damit das funktioniert, bedarf es erneut der Selbstreflexionsprozesse bei den Eltern, die durch die dauernde Jagd im Hamsterrad außer Kraft sind. Es geht dabei weniger um den konkreten Weg, *wie* diese innere Ruhe für den Einzelnen erreicht wird, als vielmehr um das Bewusstsein, wieder zu sich selbst zu kommen. Ein solches »Zu-sich-selbst-Kommen« würde fast automatisch die Intuition zurückbringen, die uns allen durch ständige Überforderung mehr und mehr abhandengekommen ist.

Genauso, wie Kinder wieder als Kinder gesehen werden müssen, können Eltern sich auch wieder als Eltern empfinden. Eltern sind eben nicht vorrangig Freunde, Partner und Mentoren ihrer Kleinkinder, sondern deren Schutzengel, Leitfigur und Begrenzung im positiven Sinne. Es ist geradezu tragisch, wie normal denkende und handelnde Eltern heute oftmals in die Unsicherheit und damit in falsche Verhaltensweisen getrieben werden, weil sich gesellschaftlich ein Trend durchsetzt, von dem sie mitgerissen werden. Weder in der Erziehung noch in den Beziehungen zwischen Eltern und Kindern kann es jedoch um Trends gehen, sondern immer nur um das ursprüngliche Verhältnis zwischen den Generationen, das jeder neuen Generation ihren sicheren Weg ins und im Leben weist. Es geht auch darum, dass Eltern in ihrer Umgebung für ein Umdenken nicht schräg angesehen werden; solange es modern und scheinbar »lässig« erscheint, seine Kinder partnerschaftlich zu erziehen, wird sich ein anderes Konzept nur schwer durchsetzen.

Schauen wir jedoch der Realität ins Auge, so müssen wir erkennen, dass eine zu große Anzahl von Eltern der Aufgabe nicht mehr ausreichend gewachsen scheint, ihrem Nachwuchs psychische Reifeentwicklung zu ermöglichen. Das klingt zunächst einmal sehr hart und ungerecht gegenüber diesen Eltern, reflektiert jedoch einerseits den Status quo und trägt andererseits auch der Tatsache Rechnung, dass es viele betroffene Eltern gibt, die sich gar nicht erst angesprochen fühlen werden.

Angesichts dieser Fakten ist es umso notwendiger, auch über die Konzepte in Kindergarten und Schule nachzudenken.

Beide Institutionen haben die Kinder viele Stunden am Tag unter ihren Fittichen und entsprechend große Möglichkeiten, Einfluss auf die Entwicklung zu nehmen. Es ist daher nicht erstaunlich, wie viele Theorien und Modelle es gibt, die alle das perfekte Kind zu versprechen scheinen. Dabei geht es überhaupt nicht um das perfekte Kind, sondern einfach nur um eine angemessene Verhaltensweise gegenüber Kindern, die durch die institutionellen Rahmenbedingungen gestützt werden muss.

Im Kindergarten werden diese Rahmenbedingungen immer weiter verschlechtert. Ist der Betreuungsschlüssel vieler Einrichtungen ohnehin schon fragwürdig, so scheint er erst recht absurd vor dem Hintergrund, dass Erzieherinnen durch den täglichen Kontakt mit so vielen Personen (neben den Kindern auch Eltern, Kollegen usw.) ein viel höheres Gefährdungspotenzial für Krankheiten haben, als das in anderen Berufen der Fall ist. Die zwei Erzieherinnen, die in den meisten Fällen auf etwa 25 Kinder kommen, sind also längst nicht immer beide anwesend, sodass die meisten Einrichtungen bis an den Rand der Schmerzgrenze mit dem Personal jonglieren müssen. Es steht dabei wohl außer Frage, dass auch diese Tatsache neben vielen anderen nicht dazu beiträgt, *mehr* und *intensivere* Beziehung zu fördern. Ständig wechselnde Erzieherinnen werden von den Kindern viel weniger als Orientierung wahrgenommen, als es bei gleichbleibendem Personal der Fall wäre. Erzieherinnen sind nun einmal *Bezug*spersonen.

Quantitative Änderungen im Bereich Personal vorzunehmen, wäre also aus verschiedenen handfesten Gründen eine der wichtigsten Maßnahmen, die in allernächster Zukunft erfolgen müsste. Dabei kann und darf das Budget-Argument keines sein, weil weniger die betriebswirtschaftlichen als vielmehr die volkswirtschaftlichen Kosten zu sehen sind. Eine gute Entwicklung der Kinder im Kindergarten spart gesamtgesellschaftlich in Zukunft Kosten in kaum zu beziffernder Höhe, wenn diese Kinder als Erwachsene ihren Alltag und vor allem ihr Berufsleben selbstständig meistern können und nicht auf staatliche Transferleistungen angewiesen sind.

Neben der Anhebung des Personalschlüssels müsste ein weiterer Schwerpunkt von Reformen im Kindergartenbereich die Aus- und Fortbildung der Erzieherinnen betreffen. Deutschland ist eines der wenigen Länder, in denen das Kindergartenpersonal nicht akademisch ausgebildet ist, daher wäre dringend dafür zu sorgen, dass entsprechende Weiterbildungsangebote angeschoben werden und diese zumindest zum Teil verpflichtend sind.

Es geht dabei darum, Kenntnisse in Entwicklungspsychologie, Ergotherapie und auch Logopädie zu vermitteln. Bei gleichzeitiger Erhöhung des Personalschlüssels könnten so multiprofessionelle Teams entstehen, die für eine intensive Betreuung der Kinder Sorge tragen würden.

Mehr Erzieherinnen, professionellere Ausbildung, andere Konzepte, die die Beziehung in den Vordergrund stellen; es sind wenige, aber entscheidende Stellschrauben, die für eine fast schlagartige Verbesserung der Situation im Kindergartenbereich sorgen könnten.

Hinzu kommt, dass die Umsetzung dieser Ideen gleichzeitig auch zu einer Erhöhung der Motivation des Kindergartenpersonals führen würde, was sich wiederum positiv auf die Stimmung und die Entspanntheit im Umgang mit den betreuten Kindern auswirken würde.

Da sich abzeichnet, dass die Probleme im Elternbereich in den nächsten Jahren nicht kleiner werden, muss der positive Trend zu einer Ganztagsbetreuung in Kindergarten und Schule unbedingt ausgebaut werden. Es wird dabei jedoch darauf ankommen, deutlich über eine bloße Verwahrung der Kinder hinauszugehen, um besonders in dieser langen außerfamiliären Betreuungszeit im Beziehungsbereich intensiv mit den Kindern arbeiten zu können. Gerade die längere Zeit in Kindergarten oder Schule könnte einen Rahmen dafür bilden, ganz in Ruhe Kinder anzuleiten und auch problematische Fälle nachreifen zu lassen.

Entscheidende Bedeutung kommt der Schnittstelle zwischen Kindergarten und Schule zu.

Bisher ist es so, dass mit dem Erreichen des sechsten Lebensjahres quasi automatisch eine entsprechende Schulreife angenommen wird, und bis vor etwa zehn Jahren war diese Annahme auch noch bei den allermeisten Kindern gerechtfertigt. Das ist heute nicht mehr der Fall. Heute werden in stark zunehmender Zahl Kinder eingeschult, die eigentlich von ihrer psychischen Reife her noch gar nicht auf der Schulbank bestehen können.

Um dieses Problem anzugehen, ist es aus kinderpsychiatrischer Sicht ein unbedingtes Muss, ein komplettes Vorschuljahr als verpflichtend anzusetzen. Dieses Vorschuljahr könnte dann explizit die Zielsetzung haben, alle Kinder in ihrer psychischen Reife auf das Level zu bringen, das für die Grundschule als Voraussetzung zu gelten hat. Solche Voraussetzungen lassen sich natürlich nicht gesetzlich festlegen. Gerade deswegen wäre es so wertvoll, wenn die Thematik der psychischen Reife bzw. Unreife endlich auf die Agenda der bildungspolitisch Verantwortlichen käme.

Natürlich wäre dieses Vorschuljahr nicht notwendig, wenn wir dahin kämen, dass der Kindergarten die Grundschulreife wieder gewährleisten kann. Doch ist damit zumindest nicht auf die Schnelle zu rechnen, sodass die Einrichtung einer verpflichtenden Vorschule zunächst der einzig richtige Weg sein dürfte.

In diesem Vorschuljahr soll es also nicht um die Vermittlung von inhaltlichen Fertigkeiten gehen, sondern ausschließlich um das Erreichen der Schulreife. Am Ende dieses Jahres müssten die angehenden Schüler in der Lage sein, sich auf den Lehrer auszurichten, dem Unterricht zu folgen und ihre Eigenbedürfnisse für die Dauer des Unterrichts zurückzustellen. Die Kinder würden also ganz natürlich den Lehrer als Lehrer sehen und, wie es in diesem Alter entwicklungspsychologisch normal ist, *für* den Lehrer lernen.

Voraussetzung formaler Natur sollten dafür auch in diesem Fall ein Ganztagesbetrieb und kleine Klassen von maximal 12 Schülern sein. Damit wäre intensives beziehungsorientiertes Arbeiten mit den Kindern möglich, und es könnte jedem einzelnen Kind in ausreichender Weise geholfen werden.

Kommen wir zur Grundschule.

Mit diesen Voraussetzungen in Kindergarten und Vorschule könnte eigentlich in der Grundschule gar nichts mehr schiefgehen. Doch bringen die besten Voraussetzungen nichts, wenn dann die Konzepte in der Schule nicht ausreichend auf Beziehung ausgerichtet sind. Genau das ist aber in den letzten zehn Jahren in der Schulpolitik und in der Pädagogik geschehen.

Die prägenden pädagogischen Konzepte und die auf ihnen basierenden bildungspolitischen Entscheidungen der letzten

Dekade wollten das Beste und entwickelten viele gute Ansätze. Das Recht der Kinder auf einen angemessenen Umgang mit ihnen steht dabei zwar im Mittelpunkt. Diese Konzepte können ihre Wirkung jedoch nicht entfalten, solange psychische Reifeprozesse unberücksichtigt bleiben.

Der Gedanke der Freiarbeit etwa ist nicht generell falsch, aber er geht ins Leere, wenn die Arbeit so frei ist, dass die Kinder keine Anhaltspunkte mehr haben. Freiheit als größtmögliches Chaos zu definieren, scheint nicht sehr sinnvoll.

So könnte etwa ein Konzept der gelenkten Freiarbeit, bei dem der Lehrer als eindeutige Bezugsperson für die Schüler immer klar erkennbar bleibt, sicher ein Gewinn für die Unterrichtsgestaltung sein. Den Lehrer als Mentor in den Hintergrund zu drängen, ist dagegen verfehlt.

Wie immer geht es jedoch an dieser Stelle nicht darum, in pädagogischen Gefilden zu wildern und konkrete Anleitungen für Unterrichtsgestaltung zu geben. Die Anmerkung zu den Freiarbeitskonzepten sollte nur einen kleinen Hinweis darauf geben, was den Unterschied ausmachen könnte, wenn das gleiche Konzept beziehungsorientiert statt beziehungsfern umgesetzt wird.

Ganz entscheidend ist aus kinderpsychiatrischer Sicht ein ganzheitlicher Blick auf das Kind. Der psychische, motorische, sprachliche und soziale Reifeprozess muss im Vordergrund stehen, damit Kinder sich zu glücklichen Individuen entwickeln können, die ihren Platz in der Gesellschaft finden. Denn Individualität entsteht nun mal nur aus persönlicher Reife und nicht aus dem Chaos, das beziehungslose Konzepte in der Kinderpsyche hinterlassen.

Diese Ganzheitlichkeit würde auch endlich das Symptom bezogene Denken beenden. Wenn nicht mehr länger nur isolierte Phänomene wahrgenommen und therapiert werden, sondern ein Bewusstsein dafür entsteht, wie sich eins aus dem anderen entwickelt bzw. eins mit dem anderen zusammenhängt, könnte gezielt Arbeit an der Basis menschlicher Beziehungen geschehen.

Eine ganzheitliche Sicht nicht nur der Kinder, sondern auch der Problematik an sich würde auf politischer Ebene bewirken, dass Zusammenhänge besser erkannt und grundlegend neu bewertet werden. Ein wichtiges Beispiel könnte das Thema Sucht sein, das ja letztendlich auch wieder im Berufsleben eine Rolle spielt, wenn junge Mitarbeiter ihre Ausbildung oder ihre Stelle aufgrund von Suchtproblemen gefährden.

Der Ansatz, Sucht auf psychische Unreife zurückzuführen, die aus Beziehungsstörungen zu den Eltern resultiert, die wiederum als Reaktion auf gesellschaftliche Phänomene gesehen werden müssen, unterscheidet sich von bisherigen Deutungsmustern, die dadurch natürlich nicht an Gültigkeit verlieren. Er könnte jedoch entscheidend dazu beitragen, einen Teil der Behandlung von und des Umgangs mit Suchtproblemen leichter und effektiver zu gestalten.

Dass dies nicht so einfach ist, verdeutlichen scheinbar belanglose Bemerkungen wie jene, die kürzlich in einem Radiointerview zu hören waren. Befragt nach den Gründen für den enormen Anstieg beim Jugendalkoholismus, antwortete der Jugendschutzbeauftragte einer kleinen Stadt: »Wir können uns das nicht erklären, wir forschen noch nach den Ursachen …«.

Die beunruhigenden Zahlen, die im Dezember 2009 veröffentlicht wurden, sind selbstverständlich auch nicht mit einer einzigen Begründung zu erklären. Doch ist die Analyse der Beziehungsstörungen und des daraus resultierenden Unreifeproblems einer der Ansätze, der geeignet ist, einen ganz neuen Zugang zur Thematik zu bekommen. Es entstehen so neue Möglichkeiten, dieser Tendenz entscheidend entgegenzuwirken. Das gilt für die Politik genauso wie für die Betriebe. Lange genug ist eine Symptom orientierte Therapie nach der anderen ausprobiert worden; es wird Zeit, sich mit möglichen Ursachen auseinanderzusetzen und darüber zu einer Bewusstseinsänderung zu kommen.

Kapitel 8

Persönlichkeiten statt Tyrannen – Ein Schlusswort

Michael macht eine Ausbildung zum Industriekaufmann. In seiner Freizeit spielt er in einer Band, die mittlerweile häufiger zu öffentlichen Auftritten gebucht wird. Der Zeitaufwand für die Band wird dadurch immer höher, und sein Ausbilder merkt, dass es Michael schwer fällt, die notwendige Konzentration für die Ausbildung aufzubringen.

Nachdem es zweimal zu morgendlichen Verspätungen gekommen ist, weil Michael am Abend vorher lange geprobt und danach auch ein wenig gefeiert hat, geht der Ausbilder auf ihn zu und weist ihn auf die Problematik hin. Er lässt sich nicht von Michaels Versuch ablenken, die Situation weniger dramatisch darzustellen. Der Ausbilder bittet um Michaels detaillierten Probenplan und spricht ihn jeweils am entsprechenden Tag auf mögliche Probleme hin an.

Obwohl man anfangs merkt, dass es Michael schwer fällt, die Prioritäten richtig zu setzen, wird es in den folgenden Monaten besser, und es kommt nicht mehr zu nennenswerten Schwierigkeiten. Als seine Band die Möglichkeit erhält, auf eine kleine Tournee zu gehen, von der eine Woche in den Berufsschulzeitraum fällt, geht Michael von sich aus auf den Betrieb zu und bittet um eine Freistellung von der Schule für diese Woche. Er bietet an, dafür Urlaub zu nehmen und den verpassten Stoff in einem anderen Block nachzuholen.

Da er inzwischen auf eine aussichtsreiche Musikkarriere hofft, plant Michael, seinen Wohnort nach Abschluss der Ausbildung nach Berlin zu verlegen, wo auch die anderen Bandmitglieder wohnen. Er will aber auf jeden Fall vorher dort eine Tätigkeit in seinem erlernten Beruf annehmen, um ein Nicht-Gelingen der musikalischen Laufbahn besser abfedern zu können.

Wer »Warum unsere Kinder Tyrannen werden« und »Tyrannen müssen nicht sein« gelesen hat, wird in diesem Buch die konsequente Fortführung der darin enthaltenen Analyse finden. Der Ausblick ins Erwachsenenalter war in den ersten beiden Büchern jeweils nur angedeutet, schwerpunktmäßig sollte die Tragik der Beziehungsstörungen zwischen Kindern und Eltern bzw. öffentlichen Erziehern beschrieben werden. Doch jeder Mensch entwächst irgendwann den Kinderschuhen, und die Natur ignoriert, ob die Psyche dabei dem körperlichen Alter folgen kann.

Somit ist es nur konsequent, in diesem Buch zwei Dinge zu zeigen.

Erstens: Wenn nichts passiert, werden Fälle wie die hier enthaltenen Beispiele über kurz oder lang zum absoluten Regelfall in Ausbildungsverhältnissen.

Zweitens: Das muss nicht sein, wenn einerseits an den Grundlagen in der Familie sowie in Kindergarten und Grundschule gearbeitet wird und andererseits Chefs und Ausbilder in den Betrieben schwierigen jungen Berufseinsteigern mit einem neuen Bewusstsein gegenübertreten, welches psychische Unreife als zentrales Problem erkannt hat und lösen will.

Mit diesem Bewusstsein lässt sich dann auch wirklich an der Persönlichkeitsbildung junger Menschen arbeiten. Persönlichkeit wird heute gerne mit dem Charakter verwechselt. Seinen ganz eigenen Charakter hat ein Kind von Geburt an. Der eine ist zurückhaltender, die andere offensiver; alles kein Problem und nicht notwendigerweise erster Gegenstand von Forschungen. Die Persönlichkeit, wie sie im engeren psychiatrischen Sinne zu verstehen ist, meint etwas anderes. Diese bildet sich normalerweise ab einem Alter von etwa acht oder neun Jahren eben gerade durch die beschriebenen Prozesse, mit denen sich der Mensch als in die Gesellschaft eingebettetes Wesen erkennt.

Persönlichkeit meint in diesem Sinne den Menschen, der sich als individuelle Person behauptet und Teil der Gesellschaft ist, ohne nur Rädchen im Getriebe zu sein. Anhand dieser Definition lässt sich auch sofort erkennen, dass die zum Teil scharf kritisierte Aussage, kleine Kinder hätten noch keine eigene Persönlichkeit, selbstverständlich nicht als Diffamierung gemeint war, sondern schlicht falsch verstanden wurde. Das Kind löst sich bei normaler Psycheentwicklung ja erst nach und nach über all die Jahre der Kindheit von den Eltern, und da besonders von der Mutter, nachdem es zu Beginn in einem ganz natürlichen symbiotischen Verhältnis zu diesen gelebt hat.

Am Beginn des Lebens bedeutet diese Symbiose Schutz und Sicherheit für das Kind und ist damit überlebensnotwendig. Wenn sie sich dagegen in Form einer Beziehungsstörung Jahre später wiederholt, ist sie Existenz gefährdend und verhindert die Persönlichkeitsbildung beim jungen Menschen. Dies im Bewusstsein zu verankern, muss ein Anliegen sein, um positiv in die Zukunft unserer Kinder schauen zu können.

Der Appell muss also an alle Beteiligten gehen: Eltern, öffentliche Erzieher, Betriebsinhaber, Ausbilder, Entscheidungsträger in Politik und Kultur. Sie alle (also letztlich: *wir* alle) müssen das Bedürfnis junger Menschen nach Halt, Struktur und Orientierung wieder sehen und erfüllen. Die natürliche Reifeentwicklung unserer Kinder darf nicht auf dem Altar ideologischer Glaubenskämpfe geopfert werden. Es muss klar werden, dass man über Jahrzehnte für mehr

Freiheit auch in der Kindererziehung gekämpft, damit aber tragischerweise Unfreiheit erzeugt hat.

Kinder zu achten, jungen Menschen ihren Freiraum zu lassen, bedeutet, sie in all ihren Bedürfnissen auf der jeweiligen Stufe ihrer natürlichen Entwicklung sehen zu können und sie nicht mit gut gemeinten, aber schlecht gemachten erwachsenen Anforderungen zu überlasten.

Junge Menschen können, wie der Untertitel dieses Buches es formuliert, nur in Leben und Beruf ankommen, wenn man sie vorher den Weg dorthin in Ruhe gehen lässt. Das partnerschaftliche Verhältnis zu Kindergarten- und Grundschulkindern kommt dagegen eher der Abschaffung der Kindheit gleich. In dieser Sichtweise ist es dann natürlich auch nur konsequent, Vierjährige als fertige Persönlichkeiten zu begreifen und sie dementsprechend zu behandeln. Wären sie tatsächlich schon diese Persönlichkeiten, würden sie sich wohl entschieden dagegen wehren!

Viele Faktoren beeinflussen, wie gut wir im Leben ankommen; dass dabei jedoch immer die Beziehung zu anderen Menschen im Vordergrund steht, ist unzweifelhaft. Auch der größte Individualist kann nicht als solcher existieren, wenn sein Umfeld diese Individualität nicht zulässt. Wahre Individualität ist gerade ein Zeichen dafür, seinen Platz in der Gesellschaft gefunden und akzeptiert zu haben, denn sie bejaht auch die Einzigartigkeit des anderen.

Die Ausführungen in diesem Buch sollen in diesem Sinne auch Mut machen. Mut, Kinder als Kinder zu sehen. Mut, auffälligen Schülern ein echtes Gegenüber zu sein. Und Mut, schwierige Auszubildende nicht aufzugeben, sondern die Hintergründe für ihr Verhalten zu sehen und ihnen eine Chance zum Nachreifen zu geben.

Wenn wir diesen Mut aufbringen und auch Menschen in unserer Umgebung dazu animieren, können wir dafür sorgen, dass zukünftige Generationen den vielfältigen Anforderungen der modernen Informationsgesellschaft besser standhalten bzw. die Vorteile, die diese bietet, nutzen können. Die Gesellschaftskritik, die in allen drei Büchern über die »Tyrannen« steckt, bedeutet ja kein »zurück in die Vergangenheit«, sondern ein »verantwortungsvoll in die Zukunft«. Und diese Verantwortung umfasst eben auch einen ganzheitlichen Blick auf die Entwicklung der nachwachsenden Generationen.

Einen anderen Aspekt der Persönlichkeitsfrage sollten wir hier noch ansprechen.

Wer Persönlichkeit bei Kindern bilden will, ist ja gerade gefordert, jedes einzelne Kind in seiner Einzigartigkeit ernst zu nehmen. Allein das würde schon bedeuten, ein Kind als Kind zu sehen und ihm nicht das Erwachsen-Sein geradezu aufzudrängen. Die partnerschaftliche Haltung gegenüber einem Kind ignoriert dessen Kindlichkeit und damit letztlich auch das, was viele ja unter der Persönlichkeit verstehen, die diesen kleinen Kindern schon zugeschrieben wird. Wie soll echte Persönlichkeit entstehen, wenn das Kind immer nur das nachvollziehen muss, was die Eltern ihrer eigenen Lebensführung als ideologischen Überbau verpasst haben? Wenn Eltern es also mit allem belasten, was es noch gar nicht zu interessieren braucht, wovor es gar geschützt werden sollte?

Die Intuition wieder zurückzugewinnen, die solche Verhaltensweisen verhindert, ist das große Ziel über allem. Bis dahin muss den akut von bereits vorhandenen Beziehungsstörungen betroffenen Jugendlichen aber konkret geholfen werden, indem ihnen über enge Beziehungsarbeit, auch im beruflichen Umfeld, ein Nachreifen ermöglicht wird. Die Arbeitswelt kann hier einerseits als Katalysator wirken, wenn der Weg aus dem Elternhaus heraus gefunden wird und neue Erfahrungen, neue Personen auf den jungen Menschen einwirken. Aber sie muss andererseits auch eine Lückenbüßerfunktion übernehmen, da in ihr die Versäumnisse des Elternhauses, die in Kindergarten und Schule ihre Fortsetzung fanden, erkannt werden können, um sie dann im Betrieb nachzuholen.

Die Verantwortung von Führungskräften in den Unternehmen wächst somit angesichts der steigenden Zahlen von fehlender Ausbildungs- und Arbeitsreife. Gegenüber den reinen Fachkenntnissen muss die psychologische Komponente der Menschenführung in der Gewichtung an Bedeutung gewinnen. Wer menschlich irgendwann versagt, dem nutzen auch Fachkenntnisse nichts mehr, das haben wir im Exkurs über die Führungskräfte mit nicht entwickelter Psyche bereits beschrieben. Zumal diese Führungskräfte ja ihrerseits Personalverantwortung haben und eigentlich die Leistungen gegenüber den Neueinsteigern erbringen müssten, um die es hier geht. Wenn sie jedoch selbst unter den gleichen Problemen zu leiden haben, geht irgendwann gar nichts mehr.

Letztlich ist es wichtig zu sehen, dass die Grundlage der Probleme, über die wir hier sprechen, nicht die fehlende Erziehung im Elternhaus ist. Das mag in Einzelfällen zutreffen, führt aber beim überwiegenden Teil der problematischen Fälle in die Irre. Diese Kinder sind sehr wohl erzogen, sie sind liebevoll behandelt worden, behütet aufgewachsen. Aber: Sie sind psychisch nicht entwickelt, unreif und wirken damit im klassischen Sinne zunächst einmal wie nicht »erzogen«.

Wenn wir einmal überlegen, wofür wir Menschen bewundern, die wir als große Persönlichkeiten empfinden, dann fallen schnell Aussagen wie:

- *Weil sie große innere Ruhe ausstrahlen*
- *Weil sie intuitiv immer das Richtige zu tun scheinen*
- *Weil sie Gutes für andere Menschen tun*
- *Weil sie in ihrem Leben etwas Außergewöhnliches erreicht haben*

All diese Aussagen passen perfekt als Beschreibung für psychische Reife und für das angemessene Verhalten eines echten Gegenübers, damit Kinder oder unreife Jugendliche diese Reife erlangen können. Eltern und andere Erwachsene sollten innerlich ruhig und in sich abgegrenzt sein sowie möglichst intuitiv handeln. Dann sind die Kinder als Erwachsene in der Lage, andere Menschen anzuerkennen und Gutes für sie zu tun. Und sie können Außergewöhnliches erreichen, weil sie die notwendige Frustrationstoleranz und das Durchhaltevermögen für diese Leistungen mitbringen.

In diesem Sinne ist »Persönlichkeiten statt Tyrannen« als Symbol und Hoffnung für die Gegenwart und Zukunft unserer Gesellschaft gemeint!

Kapitel 9

Die Beziehungsstörungen im Überblick – Statt eines Glossars

Partnerschaftlichkeit

Die Partnerschaftlichkeit ist die erste Beziehungsstörung.

Mit den gesellschaftlichen Umwälzungen der 60er-Jahre etablierten sich hinsichtlich des erwachsenen Blicks auf Kinder zwei Denkweisen: die traditionelle und die moderne. In der traditionellen Denkweise werden Kinder als Kinder gesehen, der Erwachsene leitet sie an, übt Abläufe ein, spiegelt das Kind in seinem Verhalten und schützt es selbstverständlich auch. In der modernen Denkweise steht ein partnerschaftlicher Umgang mit dem Kind im Vordergrund, der letztlich in die erwachsene Selbstständigkeit führt. Dass sich dieses partnerschaftliche Denkmodell durchsetzen konnte, war auch einer Elterngeneration geschuldet, die als Kinder noch Erfahrungen mit angstbehafteten Erziehungsmethoden wie Ohrfeigen oder Ähnlichem gemacht hatte. So sollte Kindheit nicht mehr erlebt werden, sondern sie sollte heute von Respekt und Angstfreiheit geprägt sein.

Bis in die 80er-Jahre wurden diese zwei Denkweisen gut miteinander kombiniert. Je kleiner ein Kind war, desto traditioneller die Denkweise, je älter es wurde, desto mehr partnerschaftliche Elemente kamen hinzu. Anders gesagt: Mit einem 15-Jährigen ging man selbstverständlich anders um als mit einem Fünfjährigen.

All dies geschah intuitiv, es handelte sich dabei nicht um ein bewusstes Konzept, nach dem vorgegangen wurde, sondern Erwachsene hatten diese Denkweisen verinnerlicht und handelten nach ihnen. Kinder konnten auf diese Weise verschiedene psychische Entwicklungsstufen durchlaufen, die schließlich zu einer reifen Psyche im jungen Erwachsenenalter führten. Sie hatten altersgemäß verschiedene Selbstbilder in verschiedenen Entwicklungsphasen, und das intuitive Verhalten der Eltern bewirkte wie selbstverständlich, dass diese Phasen jeweils abgeschlossen wurden, bevor die nächste beginnen konnte.

Anfang der 90er-Jahre kommt es, gesellschaftlich gesehen, zu wesentlichen Veränderungen. Es herrscht ein im Vergleich zu früheren Zeiten extremer Wohlstand, es gibt keine existenziellen Bedrohungen. Daraus folgen eine unbewusste Verschiebung im Denken von Erwachsenen und ein Überhang an modernem Denken. Immer stärker werden auch kleine Kinder als Partner gesehen und die traditionelle Denkweise als unpassend empfunden.

Es setzt sich die Haltung durch, Kinder über Erklären und Begreifen erziehen zu können. Eltern sind in bewundernswerter Weise engagiert, verbringen viel Zeit damit, ihrem Kind Dinge zu erklären und zu versuchen, Zusammenhänge verständlich zu machen. Das wäre überhaupt kein Problem, solange daneben die traditionelle Denkweise intuitiv weiter vorhanden wäre und gesehen würde, dass die Weiterentwicklung der Kinder über die Beziehung geschieht und nicht über das Erklären und Begreifen. Nicht das Erklären an sich ist also falsch, sondern es herrscht die falsche Vorstellung vor, dass durch dieses Erklären Entwicklung geschehen könne. Diese falsche Vorstellung wiederum führt zu einem dauerhaft partnerschaftlichen Verhalten gegenüber Kleinkindern, das einerseits dem Kind nicht ermöglicht, sein Selbstbild zu verändern, und andererseits die Bildung von psychischen Funktionen verhindert.

Kinder im Alter von vier bis fünf Jahren sind entwicklungspsychologisch gesehen in der so genannten Allmachtsphase. Das Kind imaginiert sich als omnipotent und die Welt steuernd, das ist das für dieses Alter ganz normale Selbstbild. Das Kind fühlt sich damit auch als Partner der Eltern. Wenn nun diese kindliche Fantasie, Partner zu sein, auf ein partnerschaftliches Verhalten der Eltern trifft, wird das Kind in seiner Fantasie bestätigt und kann diese Phase seiner psychischen Reifeentwicklung nicht abschließen. Die in der kindlichen Entwicklung normale Fantasie, Partner zu sein, wird damit zur Realität, das Kind wird psychisch in der Allmachtsphase fixiert, kann sie nicht überwinden.

Eine weitere Konsequenz aus dem partnerschaftlichen Verhalten ist neben der Fixierung in der Allmachtsphase und der Bestätigung des omnipotenten Selbstbildes die fehlende Bildung psychischer Funktionen. Die Herausbildung dieser Funktionen wie zum Beispiel Frustrationstoleranz, Gewissen, Rechts- bzw. Unrechtsbewusstsein kann nur durch stetes Einüben geschehen, da sie von Nervenzellen gesteuert werden, die unzählige Durchläufe brauchen, um auf eine bestimmte Weise zu funktionieren. Da jedoch im partnerschaftlichen Umgang davon ausgegangen wird, das Kind über Erklären und Begreifen erziehen und weiterentwickeln zu können, bleibt diese Phase der Einübung weitestgehend aus und die Funktion der Nervenzellen wird nicht richtig gebildet.

Die Darstellung der Partnerschaftlichkeit als Beziehungsstörung ist somit keine Kritik eines partnerschaftlichen Erziehungsstils schlechthin. Sie verweist lediglich auf eine Verschiebung der Gewichtung von traditioneller und moderner Denkweise, die psychische Entwicklung nicht in ausreichendem Maße gestattet. Kleine Kinder führen Dinge grundsätzlich aufgrund der Beziehung zu Erwachsenen aus, nicht weil sie aus Erklärungen den Schluss gezogen haben, dass diese Dinge für sie gut sein könnten. Ein Fünfjähriger deckt also *für* die Eltern den Tisch, auch wenn er trotzdem verstanden haben kann, dass dazu Teller, Messer und Gabel nötig sind. Die Ausführung jedoch erfolgt immer *für* die Eltern. Ein Siebenjähriger lernt *für* den Lehrer und *für* die Eltern und noch lange nicht für sich selbst und seine Zukunft.

Projektion

Die Projektion ist die zweite Beziehungsstörung.

Zu beobachten ist diese Form der Störung seit etwa zehn Jahren. Auch hier ist ein gesellschaftlicher Hintergrund als Auslöser zu betrachten. Die Welt der Erwachsenen ist in dieser Zeit zunehmend durch die Auflösung alter Strukturen geprägt. Die Gesellschaft insgesamt wird immer stärker als eine empfunden, welche das einzelne Individuum missachtet; Sicherheiten, die man noch Jahre zuvor als manifest betrachtete und erlebte, fallen nun weg. Als ein Beispiel mag hier die bis dahin sicher geglaubte Rente gelten, von der man nun mehr und mehr merkt, dass sie künftig nur noch einen kleinen Teil der Altersversorgung ausmachen wird.

Der Mensch muss die durch diese Auflösungsprozesse verursachte Überforderung verarbeiten. Da alle Erwachsenen mit dieser Überforderung zu kämpfen haben, fehlen dem Einzelnen in der Folge sowohl Anerkennung als auch Orientierung und Sicherheit, er fühlt sich somit immer defizitärer und braucht für diese empfundenen Defizite eine Form der Kompensation. In dieser Situation bietet sich das Kind zur Kompensation an, was sich wiederum auf die Beziehung zwischen Erwachsenen und Kind auswirkt und damit letztlich auf die psychische Reifeentwicklung.

Erwachsene, die ihr Manko an Anerkennung, Orientierung und Sicherheit über ihr Kind kompensieren, schaffen für sich zwei Formen der Abhängigkeit:

- *Sie wollen vom Kind geliebt werden.*
- *Das Kind dient als Messlatte dafür, ob sie gut oder schlecht sind.*

Mit diesem Verhalten stellen Erwachsene für Kinder kein Gegenüber mehr dar, das diese als von sich abgegrenzt erleben. Die Kinder nehmen die Welt so wahr, wie es während der psychischen Entwicklungsphase im Alter von etwa zweieinhalb Jahren normal ist. In dieser Zeit erleben sie zweierlei: Sie können einerseits selbst über die Außenwelt bestimmen, legen andererseits aber gleichermaßen fest, ob diese Außenwelt auch über sie verfügen darf.

Diese Phase kann nicht abgeschlossen werden, wenn der Erwachsene geliebt werden will oder die Bestätigung sucht, als Elternteil oder auch als Lehrer gut zu sein. Er wird auf diese Weise bedürftig gegenüber dem Kind, macht sich von ihm abhängig. Das Kind imaginiert sich damit als über dem Erwachsenen stehend und verbleibt in der Vorstellung, diesen steuern und bestimmen zu können. Erwachsene werden damit klein und bedürftig, Kinder groß und mächtig. Ein Phänomen, das sich mit dem Begriff der Machtumkehr beschreiben lässt.

Wenn im Hinblick auf die Projektion davon die Rede ist, dass betroffene Erwachsene vom Kind geliebt werden wollen, hat das im Übrigen nicht zu bedeuten, dass sich Eltern nicht über die Liebe ihres Kindes freuen dürfen. Kinder lieben ihre Eltern, das ist ganz natürlich so angelegt, und Eltern sollten das selbstverständlich genießen. Diese Liebe ist jedoch bedingungslos, sie ist nicht daran geknüpft, dass der Erwachsene etwas geben muss, um sich ihrer zu vergewissern. Das jedoch ist es, was in der Projektion geschieht, wenn der Erwachsene nicht mehr auf der natürlichen Beziehungsebene zum Kind steht. Er versucht dann unbewusst, aktiv Anerkennung und Liebe vom Kind zu erlangen. Diese Liebe ist also plötzlich an Bedingungen geknüpft, die der Erwachsene erfüllen zu müssen glaubt. Je mehr sich der Erwachsene in dieser Situation vom Kind steuern und bestimmen lässt, desto mehr empfindet er es als Anerkennung seiner Person; das ist das Tragische an der Projektion.

Die Projektion betrifft ebenso wie die Partnerschaftlichkeit nicht nur Eltern, sondern auch Fachleute der öffentlichen Erziehung, also Erzieherinnen, Lehrer, in der Jugendhilfe tätige Menschen sowie Außenstehende, hier vor allem die Großeltern. Später dann auch Ausbilder in Unternehmen, die ebenso wiederum danach streben, von den jungen Berufseinsteigern gemocht zu werden. Bei den Fachleuten wirkt sich die fehlende Abgrenzung vom Kind häufig so aus, dass die eigentliche erzieherische Aufgabe nicht mehr gesehen wird. Fehlverhalten von Kindern wird daher nur noch diagnostiziert und an Therapeuten delegiert. Außenstehende gehen in der Projektion häufig gegen erzieherische Bemühungen der Eltern vor und machen diese damit zunichte. So kommt es zu Situationen wie der im Supermarkt, wenn die Mutter dem Kind den Kauf eines neuen Spielzeugs verweigert und die Großmutter daneben steht, sie dafür kritisiert und umzustimmen versucht.

Die Gruppe der in der Projektion befindlichen Erwachsenen wird derzeit immer größer, auch wenn nicht verkannt werden darf, dass es immer noch viele sich abgegrenzt und strukturierend verhaltende Eltern und öffentliche Erzieher gibt.

Symbiose

Die Symbiose ist die dritte und jüngste Form der Beziehungsstörungen.

Gesellschaftlicher Hintergrund der Symbiose ist eine nicht mehr zukunftsweisende Gesellschaft, die wir seit Anfang des 21. Jahrhunderts in dieser Form erstmals erleben. Immer mehr Erwachsenen fehlen Gefühle wie Zufriedenheit oder auch Glück, die Sinnfrage lässt sich für sie nicht mehr beantworten. Damit kommt es auf der Beziehungsebene zum Kind zu einer unbewussten psychischen Reaktion, die darin besteht, dass der Erwachsene die ihm fehlenden Anteile der Psyche aus der kindlichen Psyche entnimmt.

Der Erwachsene denkt und handelt für das Kind, er verliert die Fähigkeit, es mit der notwendigen Distanz zu betrachten. Seine Psyche verschmilzt auf diese Weise mit der des Kindes, sodass dieses wie ein Teil des erwachsenen Körpers selbst wahrgenommen wird.

Als Beispiel kann hier der Arm dienen. Die Reaktion gegenüber dem Kind, die der Erwachsene in der Symbiose zeigt, ist vergleichbar mit der Reaktion gegenüber dem eigenen Arm.

Der Arm »gehorcht« dem Menschen, zu dem er gehört, das Gleiche erwartet der Erwachsene auch vom Kind. Es ist somit nachvollziehbar, wenn Eltern immer wieder auf ihr Kind einreden, sich aufregen und ärgern, denn psychisch gesehen wollen sie ja nur ihren Arm dazu bringen, etwas auszuführen. Letztlich lassen sich in der Symbiose vier Analogien in der Reaktionsweise auf Körperteile und Kinder unterscheiden:

- *Meinen Arm kann ich verändern, ich kann auf ihn einwirken. Daher versuchen Eltern in der Symbiose, stets auf ihr Kind einzuwirken und seine Verhaltensweise zu verändern. Das kann bis hin zu Strafen führen.*
- *Wo sich mein Arm oder meine Hand befindet, registriere ich nicht bewusst. Aus diesem Grund wirken Eltern in der Symbiose gegenüber dem Verhalten ihres Kindes oft wie blind. Sie bemerken zwar oberflächlich, was es tut, reflektieren das jedoch nicht, sondern lassen es gewähren. Dazu gehört etwa das Phänomen, dass Eltern sich im Gespräch mit anderen Menschen von ihren Kindern beklettern lassen, ohne dass es sie stört.*
- *Impulse meines Armes stelle ich nicht in Frage. Wenn mein Arm juckt, kratze ich mich an der entsprechenden Stelle, ohne weiter darüber nachzudenken. Eltern reagieren analog auf Handlungen oder Aussagen ihres Kindes. Beschwert es sich über angebliche Ungerechtigkeiten des Lehrers, beschweren sich Eltern beim Direktor. Die Möglichkeit, die Aussage des Kindes zunächst zu überprüfen, wird nicht in Erwägung gezogen.*
- *Auf Impulse meines Armes reagiere ich reflexartig. Stoße ich mich an einem Möbelstück, denke ich nicht darüber nach,*

ob ich einen Schmerzensschrei ausstoße, dieser kommt automatisch als Reflex. Genauso reagieren Eltern in der Symbiose auf Impulse des Kindes. Spricht das Kind sie an, wird unabhängig von der jeweiligen Situation, in der man sich befindet, sofort reagiert. Für das Kind stellt sich das psychisch dar, als ob der erwachsene Mensch ein Gegenstand ist, der sich nach Belieben »aktivieren« lässt. Die psychische Entwicklungsphase, in der diese Verhaltensweise normal ist, liegt bei 10-16 Monaten, der Phase des frühkindlichen Narzissmus. Kinder, deren Eltern aufgrund der beschriebenen gesellschaftlichen Hintergründe eine Symbiose entwickelt haben, fallen in ein solches Verhaltensmuster zurück und erleben eine Fixierung in diesem frühkindlichen Narzissmus.

Verstärkt wird die Symbiose durch eine Panik schürende Medienlandschaft sowie durch einen sich immer weiter beschleunigenden technischen Fortschritt, der sich vor allem auf dem Gebiet der Kommunikation auswirkt. Mit dem Einzug der modernen Kommunikation in schneller, elektronischer Form (die heute im Phänomen der so genannten Echtzeitkommunikation via Twitter und Co. kulminiert) gerät die erwachsene Psyche unter Dauerbeschuss. Der Computer steht immer bereit, der User ist zu jeder Zeit online, und mit der zunehmenden Perfektionierung des Informationsstroms über das Internet ist somit auch die Daten- und Informationsflut immer gegenwärtig. Zeit, die vorher für »normale« zwischenmenschliche Kommunikation vorhanden war, verflüchtigt sich unbemerkt immer mehr in der schönen neuen Elektronikwelt.

Durch dieses Phänomen kommt es zu einer agitierten Depression. Im Unterschied zu einer normalen Depression reagieren die Menschen dabei nicht mit Rückzug und der Suche nach Einsamkeit, sondern tun alles, um ständig aktiv zu sein und nur nicht zur Ruhe kommen zu müssen.

Wie der Erwachsene aber durch eine Rückkehr zur Intuition sich aus der agitierten Depression befreien kann, davon soll das nächste Buch handeln.